江苏省高等教育教改研究重点课题(项目编号 2015JSJG066)

江苏省教育科学"十二五"规划重点课题(项目编号 B-b/2015/01/032)

机器人技术与创新实践

——体操机器人实战

王 军 李 明 陈世海 吴保磊 编著

中国矿业大学出版社

图书在版编目(CIP)数据

机器人技术与创新实践:全2册/王军等编著.—徐州:
中国矿业大学出版社,2015.12
　ISBN 978-7-5646-2327-2

　Ⅰ.①机… Ⅱ.①王… Ⅲ.①机器人工程 Ⅳ.
①TP24

中国版本图书馆 CIP 数据核字(2014)第 086193 号

书　　名	机器人技术与创新实践——体操机器人实战
编　　著	王　军　李　明　陈世海　吴保磊
责任编辑	褚建萍
出版发行	中国矿业大学出版社有限责任公司
	(江苏省徐州市解放南路　邮编 221008)
营销热线	(0516)83884103　83885105
出版服务	(0516)83995789　83884920
网　　址	http://www.cumtp.com　**E-mail**:cumtpvip@cumtp.com
印　　刷	江苏淮阴新华印务有限公司
开　　本	787 mm×960 mm　1/16　**分册印张** 7.75　**分册字数** 160 千字
版次印次	2015 年 12 月第 1 版　2015 年 12 月第 1 次印刷
总 定 价	41.00 元(全两册)

(图书出现印装质量问题,本社负责调换)

前　　言

　　"为什么我们的学校总是培养不出杰出人才?"这一著名的"钱学森之问"是关于中国教育事业发展的一道艰深命题,需要整个教育界乃至社会各界共同破解。培养创新创业人才已成为世界各国高等教育共同的价值追求,不仅是理论问题,更是重要的工程实践问题。

　　本丛书紧扣"卓越工程师计划""中国制造 2025 计划"等对大学生工程实践能力培养的要求,以中国工程机器人大赛暨国际公开赛"双足竞步机器人""体操机器人""仿人竞速机器人""搬运工程机器人"等机器人比赛项目为背景,以创新为目标、项目为抓手、应用为目的、工程为导向,基于具体工程任务,按照"提出任务—分解项目—实现功能"的思路,每本书介绍一个完整的机器人制作方法,为一个完整的工程实例。

　　本丛书在介绍机器人基础知识、基本元器件和基本制作方法的基础上,着重从创新实践和工程实训的角度,剖析机器人竞赛项目工程任务,从机械仿真、嵌入式芯片、电机、传感器等实践角度,让学生有更多的动手实践和亲身参与机会。并面向实践实训内容选择多层次的竞赛机器人工程对象,设计了一整套完整的体系结构、完整的开源程序、完整的配套 PPT、完整的网络资源。丛书内容条理清晰,力图在精炼地阐述机器人基础理论与技术方法的基础上,通过各种机器人系统实例的分析,将理论与实践系统地融会贯通,强调培养学生的动手实践能力。

　　贯穿本丛书的"工程成长"教学理念(Engineering Growth Teaching Concept,EGTC)是编写组在长期从事机器人实践教学、创新教育、工程实践探索中总结凝练而成的一种教学理念。这种教学理念是基于工程素质提升和卓越工程师计划等概念,形成的一种以学生为主体、教师伴随成长、工程素质逐步提升、持续成长的教学理念,强调在扎实的"工程知识"基础上培养敏锐的"工程思维",从而能够正确判断问题,形成把构思变为现实的"工程实践"能力,并在实践中敢于做"工程创新",善于创新创业。即培养电类专业学生的"知识、思维、成员实践、创新"等四种工程能力,并在实际培养中灌输以工程任务为目标,重实践、养习惯、勤疑问等教学理念。

本丛书可作为高等学校自动化、电子科学、机械、电气工程、计算机等专业本科生的教材,也可作为机器人爱好者的学习资料。丛书的编写人员均具有高级职称或博士学位,长期从事机器人技术的教学研究和机器人创新教育的探索与实践工作,拥有多年指导大学生机器人竞赛的经历,对于将机器人技术融入工程实践环节和实验实训环节有着丰富的理论和实践经验。

本丛书中的部分书稿讲义在天津大学、山东大学、中国矿业大学、空军勤务学院、西北师范学院、天津工业大学、西安航空学院等高校近几年的教学过程中被使用,知识内容和结构体系受到了广大学生的欢迎;编者的同行们也对此给以肯定,并在近几年的教学中使用了部分讲义和多媒体资源。本书正式出版后,预期会成为众多高校机器人实践教学的推荐教材。此外,每年有几百所高校、上万名学生参加中国工程机器人大赛和其他机器人竞赛活动,作为有着很强实践意义的指导用书,本丛书一定有着较为广阔的市场。

编　者

2015 年 12 月

目　录

绪　　论

1　体操机器人简介

仿人机器人作为一个国家机器人研究水平的重要体现,世界各国都进行了大量的研究,并取得了不错的研究成果。仿人机器人的研究是从行走机构开始进行的,再后来人们开始研究仿人搏击机器人的视觉,使得机器人越来越像人类,与此同时,图像处理技术也渐渐进入了仿人机器人的研究领域中。仿人搏击机器人可以进行人脸识别,对轮廓进行识别。

世界上第一台真正意义的仿人机器人出自日本早稻田大学的加藤一郎教授等人的工作团队。加藤一郎长期致力于研究仿人机器人,被誉为"仿人机器人之父"。日本对仿人机器人的研究比较狂热,他们以人为目标想要制造出与人一样的机器人。1968 年在早稻田大学里,加藤一郎教授研制出了第一台双足步行机器人,之后,其实验室又在接下来的三十多年的时间里研发制造了WAP、WL、WABIAN 等系列机器人。其中 WAP 系列机器人采用了一种容易发生形变的特殊聚合体材料作为机器人的驱动力来源,也被称为 artificial muscle(人造肌肉)。本系列中 WAP—1 拥有简单的下肢结构,通过导管控制材料内部的压力来实现双腿的简单行走动作。AP—3 型机器人研制于 1971 年,这台机器人有 11 个自由度,初步实现了对复杂地形的适应性,不仅能平稳地通过平坦的路面,而且在通过崎岖道路甚至楼梯时也能比较出色地完成任务。WAP—3 机器人的问世使早稻田大学成为当时第一个研制出比较理想的双足行走结构的研究机构。与 WAP—3 不同,WL—5 仿人机器人采用的驱动方式为液压驱动,而且机器人拥有简单的上身结构,使机器人的外形又向着人类迈进了一步。不仅如此,这台机器人还可以通过上身的运动来辅助其实现自身重心的转移,配合双腿更好地完成行走工作。WL—10RD 机器人的自由度增加到了 12 个,在 WL—5 下肢结构的基础上又加入了踝关节和髋关节,这更有利于机器人掌握平衡,能使其更好更快地行走。早期的仿人机器人如图 0.1 所示。

在加藤一郎教授的带领下,研究室成立了 WABPOT 项目,并于 1973 年设计并制造了世界上第一台真正意义的仿人机器人 WABPOT—1。这款机器

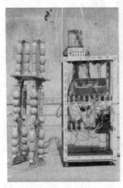

图 0.1

人不再只有简单的双腿结构,还拥有完整的上身结构,在拥有与真人比例相同的身体的条件下,研发者们不再只满足于开发它的运动控制系统。在使其拥有了良好的运动控制系统的同时,人们让它开始变得更像人而且并不仅仅是外形上的相似。在 WABPOT—1 身上有图像传感器作为其眼睛,WABPOT—1 可以用它来识别物体甚至可以确定物体的距离和方向。WABPOT—1 拥有声音处理系统,能听懂一些语句,并能与人进行简单的对话。而它手中触觉传感器可以感知外部碰触,可以操作其他机器人的控制装置。据估计,WABPOT—1 拥有相当于一岁半孩子的智力水平。1980 年,实验室参加了一个联合项目,开始了 WABPOT—2 机器人的研制。WABPOT—2 的任务被设定为演奏键盘乐器,这是一个智能任务,因为演奏键盘乐器这样的艺术活动需要类似人类的智慧和灵巧。因此 WABPOT—2 机器人被定义为一个专用机器人而不是像 WABPOT—1 那样的通用机器人。这位音乐家机器人可以与人交谈,可以通过“眼睛”阅读难度系数不太高的乐谱,并用双手和双腿通过身前的电子琴演奏出来。WABPOT—2 还可以给一个人伴奏,当它听到一个人唱歌时,就会用自己灵巧的双手弹奏出合适的美妙的旋律。在个人机器人的研究领域,WABPOT—2 机器人可以称得上机器人研究史上的第一座里程碑。

在这之后早稻田大学的机器人研究室对机器人的研究变得多样化和智能化。到 2007 年,早稻田大学研制的 TWENDY—ONE 机器人如图 0.2 所示,它可以轻轻拿起一根吸管,端起一个杯子,这样就可以为残障人士进行服务。

现在比较流行的机器人 NAO 如图 0.3 所示,它是由法国 Aldebaran Robotics 公司研制的一款人工智能机器人。NAO 不仅有着令人非常喜欢的外形,还具有人类的情感,现在已经作为教与学的重要帮手。

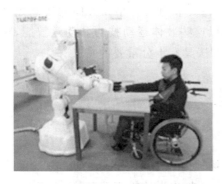

图 0.2

图 0.3

　　对于仿人机器人的研究一直是机器人研究领域的重点与热点。仿人机器人一般指具有人类外形和一种或多种能力的机器人，对于这方面的研究现在已经有了很不错的进展。作为仿人机器人的一种，仿人体操机器人开始也受到各界的关注。仿人体操机器人的设计目的是通过机器人体操比赛展示机器人的研究成果，并通过这样的比赛不断地提升机器人的研发技术。现在机器人比赛有很多，比如创办较早的 ROBO—ONE 机器人竞技大赛、国内比较热门的中国工程机器人大赛仿人体操项目等。

　　体操机器人是模仿体操运动员在场地上运动的机械模型，它同时也是一个多输入、多输出、欠驱动、非线性、强耦合的典型复杂系统，其控制具有高度的复杂性和非线性，可用来检验控制理论和控制方法在类似复杂系统控制中的有效性。熟练的体操运动员可在器械、单杠、双杠或吊环上完成各种高难度动作。在完成这些动作的过程中,身体各关节力的大小和方向的协调控制具有高度的技巧和动觉智能。研究并模拟这些肢体运动技巧和动觉智能,对建立自主机器人运动的智能控制理论和方法具有十分重要的意义。

2　体操机器人比赛任务

2.1　比赛内容

将机器人放在一个 2 m 直径圆形场地内,在界线内中心点上有一直径 25 cm 圆作为起步区,机器人就在直径 2 m 场地内做体操表演(时间小于 3 min),见图 0.4 所示。

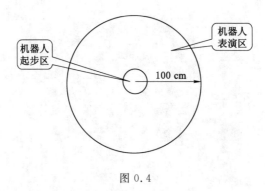

图 0.4

2.2　动作内容

(1)从位于场地中心、直径 250 mm 的圆形起步区启动,在直径 2 000 mm 的比赛区域内,按照下列序号所示的顺序和每个组合动作中小动作的前后顺序,完成体操比赛。

合并后的 6 个组合动作:

① 准备动作:双手双足贴身直立,向前鞠躬,挥手示意;

② 翻滚动作:前滚翻(向前 360°),后滚翻(向后 360°);

③ 俯卧撑:单左手俯卧撑,单右手俯卧撑,双手俯卧撑;

④ 侧身翻:左侧身翻 360°,右侧身翻 360°;

⑤ 倒立动作:倒立并腿,倒立劈叉(倒立状态双腿成 180°);

⑥ 自编动作:自编动作,结束(机器人双手双足贴身直立)。

(2)机器人每做完一个组合动作有 3 s 的停顿时间,同时参赛队员向裁判说明动作名称。

(3)6 个组合动作的执行顺序:①准备动作→②翻滚动作→③俯卧撑→

④侧身翻→⑤倒立动作→⑥自编动作。

（4）通常,组合动作由多个小动作组成,要求这些小动作从前到后顺序执行。例如"③俯卧撑:单左手俯卧撑,单右手俯卧撑,双手俯卧撑",执行顺序:单左手俯卧撑→单右手俯卧撑→双手俯卧撑。

2.3　结构要求

自由体操机器人必须是仿人机器人,能明显区分机器人的手部和脚部,是自主式脱线控制,用不多于 10 伺服马达和 1 个伺服控制板来完成,最大尺寸为 250 mm(长)×150 mm(宽)×350 mm(高),重量不能超过 3 kg。比赛内容是将机器人放在一个 2 m 直径圆形场地内,在界线内中心点上有一直径 25 cm 圆作为起步区,机器人就在直径 2 m 的圆形场地内,做出体操表演(时间小于 3 min)。

2.4　舞蹈竞赛

比赛项目分为:

（1）双足人形组(不含轮式机器人)

① 参加比赛的每一台机器人,其机体必须符合人体构型,明显有两条腿、两只手臂、一个头及躯干部分;

② 机器人必须有不少于 15 个关节自由度组成(伺服舵机或伺服电机);

③ 两条腿及足部之间不能有任何连接机构;

④ 成品机器人容许添加辅助机构,但该机构上不得带有动力元件;

⑤ 每一个机器人本体必须搭载独立的电源和控制系统。

（2）多足异形组(含轮式机器人)

① 参加比赛的机器人,其机体构型不做限制,也可以容许有双足仿人机器人配合参与比赛,但不能作为主体部分;

② 机器人必须有不少于 15 个关节自由度组成(伺服舵机或伺服电机);

③ 机器人本体可以是独立整体结构,也可以是分体组合结构;

④ 成品机器人容许添加辅助机构,机构上可以带有动力元件;

⑤ 每一个机器人本体(含分体部分)必须搭载独立的电源和控制系统。

实验 1　机械装配实验

1　实验目的

1.1　了解体操机器人机械结构组成；

1.2　完成体操机器人机械结构的基本装配；

1.3　了解并完成体操机器人机械参数的调整。

2　实验器材

2.1　体操机器人机械零件 1 套；

2.2　体操机器人舵机 10 个；

2.3　体操机器人控制板 1 个；

2.4　体操机器人锂电池 2 节；

2.5　安装工具 1 套。

3　预习内容

3.1　整体结构认知

通过实际动手使学生对课程中讲的一些机械结构以及体操机器人的相关系统有一个直观的认识。通过手动装配实验,将课程中抽象的理论与结构转化为实际知识与动手能力,从而加深对体操机器人机械结构的认识,如图 1.1 所示。

3.2　零件实物认知

在动手进行实验之前,需要对机器人的结构零件进行认知实验,了解每部分的基本功能,如图 1.2 所示。

3.3　体操机器人拆解组装

体操机器人的组装顺序为:

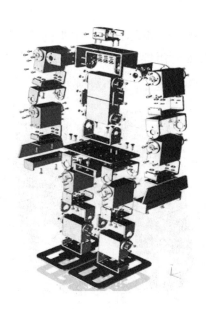

图 1.1

电池盒　　固定舵机件 1　　固定舵机件 2　　舵盘固定件 1

舵盘固定件 2　　舵盘固定件 3　　肩部连接件　　脚板零件　　塑料垫柱

拨动开关　　M2X6—圆头机牙　　M3X8—平头机牙　　M3X10—平头机牙

M3X14—平头机牙　　M3 螺母　　M3 弹簧垫片

头部零件　　舵机连接件　　机器人腰板　　SR403P 舵机　　机器人手部构件

图 1.2

A. 铝件间装配

需要零件:待装配铝件 2 个、M3X8—平头机牙螺丝 4 个、M3 螺母 4 个。

安装注意事项:装配时用螺丝刀和扳手(或钳子)拧紧,防止发生松动(见图 1.3)。

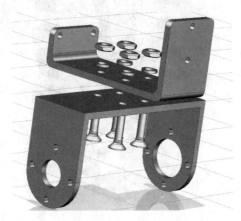

图 1.3

B. 铝件与舵机装配

需要零件:SR403P 舵机 1 个、需要与舵机装配的铝件套 2 套、M2X6—圆头机牙螺丝 4 个、M2X5—圆头平尾自攻螺丝 8 个。

安装注意事项:用 M2X6 圆头机牙螺丝将铝件与舵机主动舵盘固定在一起,用 M2X5 圆头平尾自攻螺丝将铝件与舵机体和从动舵盘固定(见图 1.4)。

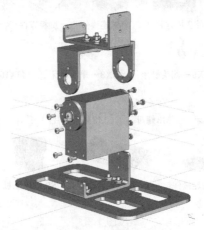

图 1.4

C. 电池盒装配

需要零件:电池盒 1 个、铝件 2 个、M3X8—平头机牙螺丝 2 个、M3X10—平头机牙螺丝 2 个、M3 螺母 4 个、M3 弹簧垫片 4 个。

安装注意事项:装配时,按照图 1.5 所示零件排列方式装配安装完成,注意螺丝的安装方向。

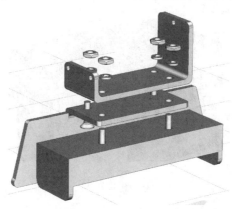

图 1.5

D. 头部零件装配

需要零件:头部零件 1 个、肩部部件 2 个、躯干部件 1 个、拨动开关 1 个、M3X8—平头机牙螺丝 4 个、M3X10—平头机牙螺丝 4 个、M3 螺母 8 个、M3 弹簧垫片 8 个、M2X6—圆头机牙螺丝 2 个。

安装注意事项:本部分使用螺丝种类较多,安装时应注意螺丝安装的顺序与需要螺丝的型号(见图 1.6)。

图 1.6

E. 核心板装配

需要零件：机器人整体 1 个、核心板 1 个、M3X14—平头机牙螺丝 4 个、M3 螺母 4 个、M3 弹簧垫片 4 个。

安装注意事项：安装时注意不要让控制板的金属部分接触到机器人或其他金属器件，以免造成短路烧毁控制板（见图 1.7）。

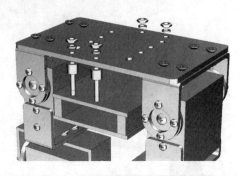

图 1.7

4 思考题

4.1 体操机器人为什么使用舵机？

4.2　体操机器人使用什么类型的舵机？舵机参数是多少？

4.3　什么是机器人的自由度？体操机器人有多少个自由度？

5　实验要求

5.1　完成体操机器人机械结构认知；

5.2　完成体操机器人机械结构拆解组装；

5.3　完成体操机器人机械性能参数改变及调校的认知。

6　实验步骤

7　自我思考与自我提问

实验 2　舵机控制实验

1　实验目的

1.1　了解舵机结构原理；

1.2　了解舵机控制方式；

1.3　了解舵机改装电机方法。

2　实验器材

2.1　示波器；

2.2　信号发生器；

2.3　稳压电源；

2.4　杜邦线 10 根；

2.5　舵机 1 个。

3　预习内容

3.1　舵机基础知识

（1）舵机的结构和原理

遥控舵机（或简称舵机）是个糅合了多项技术的科技结晶体，它由直流电机、减速齿轮组、传感器和控制电路组成，是一套自动控制装置。图 2.1 显示的是一个标准舵机的部件分解图。

对于舵机而言，位置检测器是它的输入传感器，舵机转动的位置一变，位置检测器的电阻值就会跟着变。通过控制电路读取该电阻值的大小，就能根据阻值适当调整电机的速度和方向，使电机向指定角度旋转。图 2.2 显示的是舵机闭环反馈控制的工作过程。

（2）选择舵机

舵机的形状和大小多到让人眼花缭乱，但大致可以按如图 2.3 所示分类。

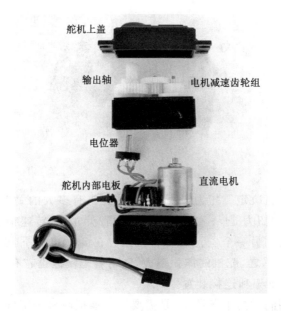

图 2.1

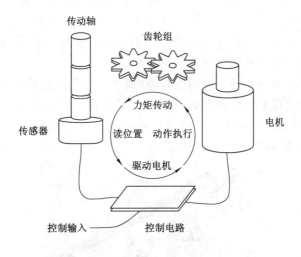

图 2.2

最右边的是常见的标准舵机,中间两个是体积小的微型舵机,左边魁梧的那个是体积最大的大扭力舵机。它们都是三线控制,因此可以根据需求更换所使用的舵机类型。

除了大小和重量,舵机还有两个主要的性能指标:扭力和转速,这两个指

图 2.3

标由齿轮组和电机决定。扭力,通俗讲就是舵机有多大的劲儿。在 5 V 的电压下,标准舵机的扭力是 5.5 kg/cm(75 盎司/英寸)。转速很容易理解,就是指从一个位置转到另一个位置要多长时间。在 5 V 电压下,舵机标准转速是 0.2 s 移动 60°。总之,舵机的体积越大,转得就越慢但也越有劲儿。

(3)舵机的支架和连接装置

舵机的使用满足两个条件:一是需要一个能把舵机固定到基座上的支架,二是需要一个能将驱动轴和物体连在一起的连接装置。支架一般舵机上就有,而且带有拧螺丝用的安装孔。如果仅仅是测试,用热熔胶或者双面泡沫胶带就能固定住舵机。

通过舵盘连接驱动轴可以将舵机的旋转运动变成物体的直线运动,选用不同的舵盘或固定孔就能产生不同的运动。

图 2.4 所示的是几种不同的舵盘:前面 4 个白色的是舵机附带的舵盘,右边 4 个是用激光切割机切割塑料得到的 DIY 舵盘。最右边的 2 个是舵盘和支架的组合,如果想实现两个舵机的组合运动,把这个舵盘的支架固定到另一个舵机的支架上就可以了。

图 2.4

(4)舵机规格

舵机的规格主要有几个方面:转速、扭矩、电压、尺寸、重量、材料等。在进行舵机选型时要对以上几个方面综合考虑。

转速由舵机无负载的情况下转过 60°角所需时间来衡量,常见舵机的转速一般在 0.11～0.21 s/60°之间。

舵机扭矩的单位是 kg·cm。可以理解为在舵盘上距舵机轴中心水平距离 1 cm 处,舵机能够带动的物体重量(见图 2.5)。

厂商提供的转速、扭矩数据和测试电压有关,在 4.8 V 和 6 V 两种测试电压下这两个参数有比较大的差别。如 Futaba S—9001 在 4.8 V 时扭矩为 3.9 kg·cm、转速为 0.22 s/60°,在 6.0 V 时扭矩为 5.2 kg·cm、转速为 0.18 s/60°。若无特别注明,JR 的舵机都是以 4.8 V 为测试电压,Futaba 则是以 6.0 V 作为测试电压。

舵机的工作电压对性能有重大的影响,舵机推荐的电压一般都是 4.8 V 或 6 V。有的舵机可以在 7 V 以上工作,另外,12 V 的舵机也不少。较高的电压可以提高电机的转速和扭矩。选择舵机还需要看控制卡所能提供的电压。

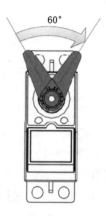

图 2.5

综上,选择舵机需要在计算所需扭矩和转速并确定使用电压的条件下,选择有 150% 左右甚至更大扭矩富余的舵机。

(5)模拟舵机控制

如图 2.6 所示,舵机有一个三线的接口。一根是接地线(一般用黑色或棕色线),一根是 +5 V 电压线(一般用红色线),一根是控制信号线(一般用白线或橙线)。

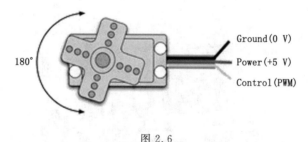

图 2.6

控制信号(见图 2.7)是一种脉宽调制(PWM)信号,微控制器都能轻松地产生这种信号。

脉冲的高电平持续 0.5～2.5 ms,也就是 500～2 500 μs。在 500 μs 时,舵机左满舵;在 2 500 μs 时,舵机右满舵。可以通过调整脉宽来实现更大或者

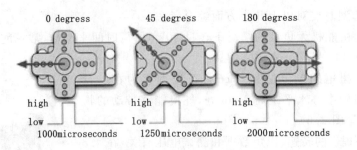

0 degress 45 degress 180 degress

high
low
1000microseconds 1250microseconds 2000microseconds

图 2.7

更小范围内的运动。

控制脉冲的低电平持续 20 ms。每经过 20 ms(50 次/s),就要再次跳变为高电平,否则舵机就可能罢工,难以保持稳定。不过要是想让它一瘸一拐跳舞,倒可以采取这种方法。

3.2 数字示波器的使用

示波器是一种电子测量仪器,可用来观测电流波形,测定频率、电压波形等,主要由电子管放大器、扫描振荡器、阴极射线管等组成。示波器利用狭窄的高速电子束,打在涂有荧光物质的屏面上,就可以产生细小的光点,在被测信号作用下,电子束便可以在屏面上描绘出被测信号的变化曲线。

示波器按信号的不同可分为数字示波器和模拟示波器;按结构和性能不同可分为普通示波器、多用示波器、多线示波器、多踪示波器、取样示波器、记忆示波器、数字示波器。虽然示波器种类多种多样,但其使用方法却大同小异,本书便以 SR—8 型双踪示波器(见图 2.8)为例来详细介绍示波器的使用方法。

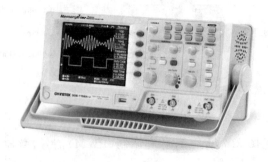

图 2.8

示波器的面板按其位置和功能大概可以分为显示、垂直（Y 轴）、水平（X 轴）三大部分，下面对这三部分面板装置分别加以介绍。

（1）显示部分

显示部分包括电源开关、电源指示灯、辉度（调整光点亮度）、聚焦（调整光点或波形清晰度）、辅助聚焦（配合"聚焦"旋钮调节清晰度）、标尺亮度（调节坐标片上刻度线亮度）、寻迹（当按键向下按时，使偏离荧光屏的光点回到显示区域，从而寻到光点位置）和标准信号输出（1 kHz、1 V 方波校准信号由此引出，加到 Y 轴输入端，用以校准 Y 轴输入灵敏度和 X 轴扫描速度）。

（2）垂直（Y 轴）部分

垂直（Y 轴）部分包括显示方式选择开关（用以转换两个 Y 轴前置放大器 YA 与 YB 工作状态）、"DC—地—AC"Y 轴输入选择开关（用以选择被测信号接至输入端的耦合方式）、"微调 V/div"灵敏度选择开关及微调装置、"↑↓"Y 轴位移电位器（用以调节波形的垂直位置）、"极性、拉 YA"YA 通道的极性转换按拉式开关、"内触发、拉 YB"触发源选择开关和 Y 轴输入插座。

（3）水平（X 轴）部分

水平（X 轴）部分包括"t/div"扫描速度选择开关及微调旋钮、"扩展、拉×10"扫描速度扩展装置、"→←" X 轴位置调节旋钮、"外触发、X 外接"插座、"触发电平"旋钮、"稳定性"触发稳定性微调旋钮（用以改变扫描电路的工作状态）、"内、外"触发源选择开关、"AC—AC（H）—DC"触发耦合方式开关、"高频—常态—自动"触发方式开关和"＋、－"触发极性开关。

使用示波器观察电信号波形的具体步骤：

步骤一：选择 Y 轴耦合方式。根据被测电信号频率，将 Y 轴输入耦合方式选择"AC—地—DC"开关置于 AC 或 DC。

步骤二：选择 Y 轴灵敏度。根据被测电信号的峰峰值，将 Y 轴灵敏度选择"V/div"开关置于适当挡级（在实际使用过程中，若无需读取被测电压值，则只需适当调节 Y 轴灵敏度微调旋钮，使得屏幕上显示所需高度波形即可）。

步骤三：选择触发信号来源与极性。通常将触发信号极性开关置于"＋"或"－"挡位上。

步骤四：选择扫描速度。根据被测信号周期，将 X 轴扫描速度"t/div"开关置于适当挡级（在实际使用过程中，若无需读取被测时间值，则只需适当调节扫描速度"t/div"微调旋钮，使得屏幕上显示所需周期数波形即可）。

步骤五：输入被测信号。被测信号由探头衰减后通过 Y 轴输入端输入示波器。

3.3 信号发生器使用及操作说明

（1）面板及操作说明

信号发生器如图 2.9 所示，面板上很多按钮/按键，只有清楚地知道它们的功能及作用才可以更好地去使用它。常用到的按键包括电源开关 POWER、频率显示屏、频率倍乘电位器、频率计输入衰减选择开关、频率计输入选择 EXT/INT、频率计输入端、TTL/CMOS 输出端、模拟信号输出端、占空比调节/反相输出选择 DUTY/INVERT、输出信号偏置调节、TTL/CMOS 选择及 CMOS 电平调节、模拟输出信号幅度调节 AMPLITUDE/输出衰减 ATTENUAT10N、模拟输出波形选择开关 FUNT10N、频段选择开关等。

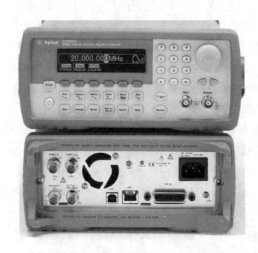

图 2.9

（2）性能参数

虽然每个函数信号发生器都有区别，但是都需要了解包括输出频率、输出阻抗、可输出信号波形、信号幅度及类型、扫描方式、调制方式、输出信号方式、稳定度、信号范围、显示方式等相关知识。

（3）使用方法

① 将函数信号发生器接入交流 220 V、50 Hz 电源，按下电源开关，指示灯亮。

② 按下所需波形的选择功能开关。

③ 在需要输出脉冲波时，拉出占空比调节开关，调节占空比可获得稳定清晰波形。此时频率为原来的 1/10，正弦和三角波状态时按入占空比开关旋钮。

④ 当需要小信号输出时，按入衰减器。

⑤ 调节幅度旋钮至需要的输出幅度。

⑥ 当需要直流电平时拉出直流偏移调节旋钮,调节直流电平偏移至需要设置的电平值,其他状态时按入直流偏移调节旋钮,直流电平将为零。

(4) 注意事项

① 仪器需预热 10 min 后方可使用。

② 把仪器接入电源之前,应检查电源电压值和频率是否符合仪器要求。

③ 不得将大于 10 V(DC 或 AC)的电压加至输出端。

4　思考题

4.1　舵机的主要性能参数有哪些?

4.2　PWM 有哪些用途？

4.3　控制舵机 PWM 有哪些特点？

4.4　信号发生器可以产生哪些波形？

5　实验要求

5.1　掌握示波器和信号发生器的使用方法；

5.2　使用示波器观察 PWM 波形；

5.3　使用信号发生器实现对舵机的控制。

6　实验步骤

7 自我思考与自我提问

实验 3 mini 舵机控制板使用实验

1 实验目的

1.1 了解 mini 舵机控制板的基本应用方法；

1.2 了解 mini 舵机控制板驱动程序安装方法；

1.3 了解 mini 舵机控制板 I/O 分布及功能；

1.4 了解 mini 舵机控制板供电方式；

1.5 使用 mini 舵机控制板控制单个电机。

2 实验器材

2.1 示波器 1 台；

2.2 mini 舵机控制板 1 个；

2.3 舵机 1 个；

2.4 PC 电脑(windows 7 及以上)1 台。

3 预习内容

3.1 实物认知(见图 3.1)

图 3.1

3.2 舵机与 mini 控制板连接

图 3.2 中黑色引脚部分是舵机的信号线接口（连接舵机的时候要注意方向），图中白色引脚部分接口不是舵机的接口，连上舵机时注意旁边的文字标记，如 S1、S2、⋯、S32，代表舵机的通道，跟电脑软件上是一一对应的。

图 3.2

3.3 mini 舵机控制板电源连接

本模块电源部分是分离设计的，控制板电源和舵机电源是分开供电的，这样不会相互干扰。

控制板电源 VSS：USB 接口和蓝色端子中的 VSS 和 GND 都可以给控制板供电，两者任选一种即可（VSS 的供电范围是 6.5～12 V）。

舵机电源 VS：舵机的供电情况是根据使用的舵机而定的，可以查阅舵机的相关参数，若不了解，可以使用 5 V 供电。VS 输入多少伏电压，给舵机的就是多少伏电压，所以必须严格匹配舵机的电压参数。舵机电源输入接口为蓝色接线端子中的 VS 和 GND。

常规舵机的电压参数为 4.8～6.8 V，未知舵机，可以使用 5 V 供电。如果供电电压超过舵机的范围，有可能造成舵机烧坏，或者烧坏舵机控制板。请查看舵机的相关参数后谨慎操作。

3.4 PC 端驱动安装

直接双击 USC_driver.exe ，点击下一步即可安装驱动。驱动安装过程中如果出现如图 3.3 所示的提示，请选择"始终安装此驱动程序软件"。

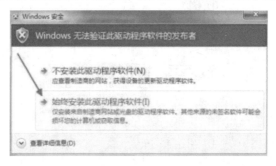

图 3.3

驱动安装过程中如果出现如图 3.4 所示的提示，请选择"仍然继续"。

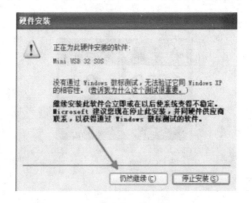

图 3.4

驱动安装成功之后，进入电脑的设备管理器，然后就可以看到舵机控制板的硬件设备了，如图 3.5 中的 TOROBOT Virtual COMPort 就是设备名称，COM1 是端口号，使用电脑软件控制舵机时需要知道设备的端口号。

图 3.5

3.5　控制单个舵机

运行 rios_usc_new. exe，选择正确的端口号，然后点击"联机"按钮（见图3.6）。

图 3.6

使用鼠标拖动舵机面板中的滑条(舵机连接的是第几个通道,就必须拖动对应的舵机面板,面板上方就是编号,如图 3.7 中的 S1),在拖动滑条时舵机会随之转动。

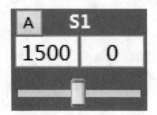

图 3.7

4 思考题

4.1 mini 舵机控制板连接 PC 的方式是什么?

4.2　试述 mini 舵机控制板驱动安装失败的原因及解决方法。

4.3　mini 舵机控制板 VS 与 VSS 的区别是什么？

4.4　使用 mini 舵机控制板调试时，设置初始位置的意义是什么？

5　实验要求

5.1　完成 mini 舵机控制板驱动安装；

5.2　完成体操机器人及 mini 舵机控制板连接；

5.3　完成体操机器人舵机控制。

6　实验步骤

7　自我思考与提问

实验 4　mini 舵机控制板机器人动作调试实验

1　实验目的

1.1　了解 mini 舵机控制板上位机的基本设置；

1.2　了解 mini 舵机控制板动作组的生成与编辑；

1.3　学会使用 mini 舵机控制板控制机器人并编写动作；

1.4　实现 mini 舵机控制板动作组的脱机运行。

2　实验器材

2.1　mini 舵机控制板 1 个；

2.2　体操机器人 1 台；

2.3　PC 电脑(windows 7 及以上)1 台。

3　预习内容

3.1　同时控制多个舵机(生成动作命令)

按照上面的步骤依次控制多个舵机，设置好时间(如图 4.1 所示，设置的是 1 000 ms，代表舵机的旋转速度范围必须在 100～9 999 之间，数值越大速

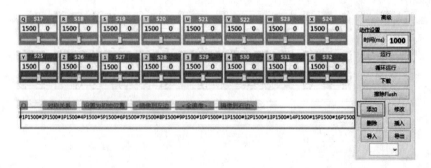

图 4.1

度越慢），然后点击软件下方的"添加"按钮，此时软件下方将会生成一条命令，该条命令就可以同时控制前面控制的所有舵机（如果前面控制了 10 个舵机，那么该条命令就可以同时控制这 10 个舵机）。

3.2　面板设置

单击左上角的"面板设置"→面板编辑模式。在此模式下，可以拖动 32 个面板的位置，如图 4.2 所示，点击图 4.3 所示的"按钮"可以隐藏显示对应面板。

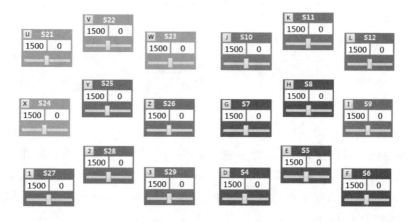

图 4.2

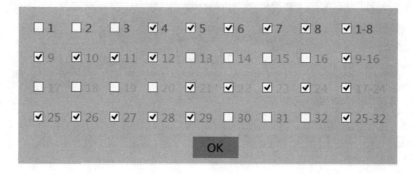

图 4.3

可以通过面板设置功能设置需要的体操机器人调试界面，如图 4.4 所示。

3.3　下载动作组

按照上面的步骤，生成了几条或者几十条命令之后，可以通过点击软件右

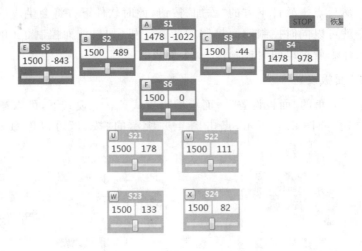

图 4.4

侧的"运行"按钮来测试一下命令的效果。

如果效果没问题,就可以点击软件右侧的"下载"按钮来下载动作组。下载成功之后,软件会提示"下载完毕!No.=1",提示中的数字就是这个动作组的编号。以后只需要执行这个动作组,就可以执行这个动作组下面的所有命令了(见图 4.5)。

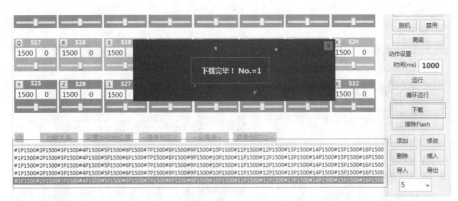

图 4.5

3.4 执行动作组

首先点击"读取"按钮,获取所有动作组的编号,然后输入需要执行的次数,点击"执行"按钮,就可以执行选中的动作组了(见图 4.6)。

图 4.6

3.5 使用脱机工作

首先点击"读取"按钮，获取所有动作组的编号，然后输入需要执行的次数，点击"脱机"按钮，就可以设置选中的动作组为脱机执行了（脱机执行的意思是控制板上电之后才会执行）（见图 4.7）。

图 4.7

如果不需要控制板脱机工作，可以点击"禁用"按钮来关闭脱机功能。

4　思考题

4.1　如何保存动作组？动作组是以什么样的形式存储的？

4.2　设置初始位置的作用是什么？如何设置初始位置？

4.3　脱机运行的目的是什么？如何实现脱机运行？

5　实验要求

5.1　学会使用动作组同时调试多个舵机；

5.2　学会设置动作面板；

5.3　能够实现机器人的脱机运行。

6　实验步骤

7 自我思考与提问

实验 5 调试准备动作与翻滚动作

1 实验目的

1.1 通过调试机器人的简单动作熟悉机器人的调试方式；

1.2 完成机器人准备与前后滚翻的动作调试。

2 实验器材

2.1 mini 舵机控制板 1 个；

2.2 体操机器人 1 台；

2.3 PC 电脑（windows 7 及以上）1 台。

3 预习内容

3.1 动作内容

（1）准备动作：双手双足贴身直立，向前鞠躬，挥手示意；

（2）翻滚动作：前滚翻（向前 360°），后滚翻（向后 360°）。

3.2 前后滚翻的基本动作（见图 5.1）

前滚翻成蹲撑

图 5.1

（1）前滚翻是基本动作，也是一种自我保护的方法。首先掌握前后滚动的动作，再学习团身前滚翻。掌握团身前滚翻后，再要求两腿蹬直团身前滚。

（2）为了体会动作要领，可将助跳板放在下面或将垫子铺在斜度大约 10°

～15°的坡地上,由高处向低处滚翻。

(3)比较熟悉地掌握前滚翻的动作后,可持球做前滚翻,或前滚翻蹲立后接迎面抛来的球等,以提高学习兴趣及动作的速度。

3.3 调试注意事项

(1)调试时遵循连线→联机→复位→调试→保存代码→断开联机→断开连线的步骤。

(2)舵机控制线不要反接,在调试过程中舵机出现卡死现象时,要及时调整舵机位置或断开电源。

(3)在调试过程中要注意控制板上 USB 线接口是否受到挤压,防止因过度挤压导致 USB 口损坏。

(4)切勿带电进行接线调整或松紧舵控板附近的螺丝。

(5)当控制板发出低电量警报时,及时给电池充电。

(6)注意机器人周围的环境在机器人通电的情况下,尽量避免机器人靠近金属物品,禁止用手或导电物体触摸控制板。

4 思考题

4.1 机器人翻滚有几种实现方式?分别画出示意图展示不同方式的区别。

4.2　机器人前翻和后翻的步骤完全相同吗？为什么？

4.3　你认为机器人前翻后翻动作中难点在哪一步？你是怎么解决的？

5　实验要求

5.1　调试完成机器人的准备动作；

5.2　调试完成机器人的翻滚动作。

6　实验步骤

7　自我思考与提问

实验 6 调试俯卧撑动作

1 实验目的

1.1 通过调试机器人的简单动作熟悉机器人的调试方式；

1.2 完成机器人准备与前后滚翻的动作调试。

2 实验器材

2.1 mini 舵机控制板 1 个；

2.2 体操机器人 1 台；

2.3 PC 电脑（windows 7 及以上）1 台。

3 预习内容

3.1 动作内容

俯卧撑：单左手俯卧撑，单右手俯卧撑，双手俯卧撑。

3.2 俯卧撑的基本动作介绍

要做到俯卧撑的一个完美起始姿势，身体必须保持从肩膀到脚踝成一条直线，双臂应该放在胸部位置，两手相距略宽于肩膀。这样可以确保每个动作都能更有效锻炼肱三头肌（见图 6.1）。

做俯卧撑时，应该用 2～3 s 时间来充分下降身体，最终胸部距离地面应该是 2～3 cm；然后，要马上用力撑起，回到起始位置（见图 6.2）。

俯卧撑的种类有很多：

按身体姿势可分为高姿、中姿、低姿三种姿势。

（1）高姿俯卧撑是指在做练习时，练习者的身体姿势是脚低手高，手脚不在一个水平面上。

（2）中姿俯卧撑（又称标准俯卧撑或水平俯卧撑）是指在做练习时，练习者的脚和手都在一个水平面上。

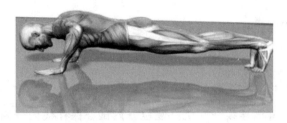

图 6.1

图 6.2

（3）低姿俯卧撑是指在做练习时,练习者的脚高手低,手脚不在一个水平面上的。

按双手之间的距离可分为超长距离、宽、中、窄四种。

（1）超长距离俯卧撑

主要锻炼胸大肌外侧和肱二头肌。当肘关节角度大于 135°时主要是肱二头肌发力。

（2）宽距俯卧撑

大约在一点五倍肩宽,主要锻炼胸大肌外侧,同时发展三角肌前束、肱三头肌。

（3）中距俯卧撑

略大于肩宽,主要锻炼胸大肌中部(增加厚度),同时发展三角肌前束、肱三头肌。

(4)窄距俯卧撑

小于肩宽,双手置于两乳头前,主要锻炼三角肌前束、肱三头肌,同时发展胸大肌内侧。

3.3　调试注意事项

(1)调试时遵循连线→联机→复位→调试→保存代码→断开联机→断开连线的步骤。

(2)舵机控制线不要反接,在调试过程中舵机出现卡死现象时,要及时调整舵机位置或断开电源。

(3)在调试过程中要注意控制板上 USB 线接口是否受到挤压,防止因过度挤压导致 USB 口损坏。

(4)切勿带电进行接线调整或松紧舵控板附近的螺丝。

(5)当控制板发出低电量警报时,及时给电池充电。

(6)注意机器人周围的环境,在机器人通电的情况下,尽量避免机器人靠近金属物品,禁止用手或导电物体触摸控制板。

4　思考题

4.1　做俯卧撑时主要使用哪几个关节?画出简单示意图。

4.2 单手俯卧撑如何防止机器人侧翻？

4.3 机器人在趴下和起立时需要注意哪些方面？

4.4　单手俯卧撑时另一只手做什么样的姿势最合适？为什么？

5　实验要求

完成机器人的俯卧撑动作调试。

6　实验步骤

7　自我思考与提问

实验7 调试侧身翻动作与倒立动作

1 实验目的

1.1 通过调试机器人的动作熟悉机器人的调试方式；

1.2 完成机器人侧身翻与倒立的动作调试。

2 实验器材

2.1 mini 舵机控制板 1 个；

2.2 体操机器人 1 台；

2.3 PC 电脑(windows 7 及以上)1 台。

3 预习内容

3.1 动作内容

侧身翻:左侧身翻 360°、右侧身翻 360°。

3.2 侧身翻体操动作介绍

侧身翻,翻腾的基本动作,也是跑酷、体操和舞蹈的常见动作,是双手双脚同时运动,向侧翻转的手翻动作,如图 7.1 所示。要求在一条直线上,两手、两

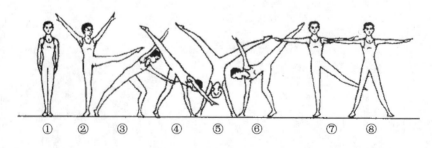

① ② ③ ④ ⑤ ⑥ ⑦ ⑧

图 7.1

脚四个支撑点依次落地,看起来很有视觉感,故俗称"大车轮"或"车轮子"。做法是右腿向后上方摆起,左脚蹬地,两手向前下方左右依次撑地,经左右分腿倒立过程依次推离地面,两脚左右依次落地(或反方向)(见图 7.2)。还可以做单臂支撑侧手翻、器械支撑侧手翻等。目前,被跑酷街舞(breaking or new jazz)、体操、舞蹈广泛应用,难度很高。

图 7.2

　　双腿合拢挺直站立,双臂伸直举起使手指尽可能得高,使其距地面尽可能的大。目视前方,在整个过程中都要收腹。抬起左腿而身体其他部位保持不动,四肢全部伸直。原地侧手翻,不助跑或走动,想做助跑侧手翻,就要先跑几步,从右脚起跳同时举起双臂。然后右脚落地,接着按照所讲的步骤做下去。左腿迈一大步,双臂伸向前方。收腹,双臂和上体成直线。保证四肢完全伸直。左手落地位置应是距起始位置一人体加手臂长度的地方,保持双肘伸直。落地时手掌与侧手翻方向成 90°。开始抬起双腿并保持双膝伸直。尽可能大地分开双腿并收腹。右手掌落地,右手掌与左手掌平行。两手掌间距为 1.5 肩宽。保持收腹并伸直四肢(不要塌腰),臀部尽可能远离地面。(把臀部提起)这样更容易做直的、受控的侧手翻。把右脚落下并使双臂和上体成直线。然后左脚落在右脚后 1 m 的位置。保持上体、双臂和左腿成直线。左脚落地后,把右脚收回使两腿并拢。双脚分别落地时要保证双膝和双臂完全伸直。现在你的站姿跟起始一样,但面向相反方向。手指尽可能得高。其实,可以用这几个字总结:快、稳、收。

　　快:

　　在翻的时候尽量要快,因为这样可以使手指和头都受到一定的保护,大大减少受伤的概率;

稳：

要稳住自己的身体,用重心去压住,让自己的身体稳稳地翻过去；

收：

在落地时,要注意,不要故意落地时跳一下,这样很可能会损伤脚。

所以,侧翻时一定要记住这三个字,少一个都不行。

3.3　倒立动作介绍

倒立,现今杂技艺术中称之为顶功。足部朝天,手臂(有时用头部)在下,支撑全身的重量,成为倒立平衡,这一节目在汉代被称为倒植,表演倒立技巧有多种表演姿态,最基本和最常见的是双手据地而立(见图 7.3)。

图 7.3

机器人倒立也可以采用侧身翻的方法,侧身翻到一半转为倒立动作,这样实现起来比较简单。

3.4　调试注意事项

(1)调试时遵循连线→联机→复位→调试→保存代码→断开联机→断开连线的步骤。

(2)舵机控制线不要反接,在调试过程中舵机出现卡死现象时,要及时调整舵机位置或断开电源。

(3)在调试过程中要注意控制板上 USB 线接口是否受到挤压,防止因过度挤压导致 USB 口损坏。

(4)切勿带电进行接线调整或松紧舵控板附近的螺丝。

(5)当控制板发出低电量警报时,及时给电池充电。

(6)注意机器人周围的环境在机器人通电的情况下,尽量避免机器人靠近金属物品,禁止用手或导电物体触摸控制板。

4 思考题

4.1 机器人侧身翻时如何避免与地面的剧烈碰撞？

4.2 你能想出体操机器人的几种侧身翻方式？它们之间有什么区别？

4.3　机器人侧翻与倒立动作有什么区别与联系？

5　实验要求

5.1　调试并完成机器人的侧身翻动作；

5.2　调试并完成机器人的倒立动作。

6　实验步骤

7　自我思考与提问

实验 8　调试自选动作与结束动作

1　实验目的

1.1　通过调试机器人的简单动作熟悉机器人的调试方式；

1.2　完成机器人自选动作与结束动作调试。

2　实验器材

2.1　mini 舵机控制板 1 个；

2.2　体操机器人 1 台；

2.3　PC 电脑(windows 7 及以上)1 台。

3　预习内容

3.1　动作内容

自选动作：机器人做任意的自编动作。

结束动作：机器人双手双足贴身直立。

3.2　自由体操动作介绍(见图 8.1)

(a)　　　　　　　(b)　　　　　　　(c)

图 8.1

(1) 支撑

支撑是体操动作之一，指人体肩轴高于器械轴并对握点产生压力的一种静止动作。支撑分单纯支撑（只用手支撑器械）和混合支撑（手和身体的一部分同时支撑器械），是器械体操练习的基本动作之一。

（2）水平支撑

水平支撑是体操支撑动作之一，指身体呈水平姿势的支撑或静用力动作。水平支撑对力量要求较高，是一种高难度的静止动作。

（3）手倒立

手倒立是体操中静止动作之一，指用手掌撑地，头部朝下，两臂和两腿均伸直的人体倒置动作。按动作完成的姿态，手倒立分为屈臂屈体、屈臂直体、直臂直体、直臂屈体及双手倒立、单手倒立等。手倒立对上肢力量及身体控制能力的要求较高。

（4）手翻

手翻是体操翻腾动作之一，指用手支撑于地面或器械上，人体倒立，然后在手推撑的同时翻转的动作。按翻转的方向手翻分向前、向后、向侧三种。手翻也是技巧运动支撑跳跃等项目的基本动作之一。

（5）悬垂

悬垂是体操动作之一，指人体肩轴低于器械轴并对握点产生拉力的一种静止动作。只用手悬垂于器械的，称"单纯悬垂"，如单杠上的悬垂。手和身体的一部分同时悬垂于器械或接触地面的，称"混合悬垂"，如单挂膝悬垂。悬垂是器械体操练习的基本动作之一。

（6）旋翻

旋翻是体操空翻动作之一，指人体在腾空后沿横轴翻转两周的同时，绕纵轴转体的复合空翻动作。按翻转方向，旋翻分前旋、后旋；按人体姿势，旋翻分团身旋、屈体旋、直体旋；按转体的周数，旋翻分两周旋、三周旋等。

（7）滚翻

滚翻是体操动作之一，指躯干依次接触地面或器械，也经过头部的翻转动作。滚翻分前滚翻（动作方向向前）和后滚翻（动作方向向后），是体操启蒙训练的内容之一。

（8）摆动动作

摆动动作是体操动作的一种，指通过肌肉用力，改变人体各部分的相对位置，进行人体各部分运动速度的调配和组合，使人体产生变速移动的一种动作。按人体各部分运动速度调配的特点，摆动动作可分为大摆、屈伸、回环等多种，是器械体操中内容最多、变化最复杂的一类动作。摆动动作有利于培养动作的节奏感，提高机体的协调能力，增强肌肉的力量和空间三度的定向能力。

（9）腾越

腾越是体操动作之一，指整个人体腾起后从器械上空越过的一类动作。按人体运动的方向，腾越分为正腾越、背腾越、侧腾越三种；按腾起后人体的姿势，腾越分为分腿腾越、屈体腾越、挺身腾越等。做此类动作时，人体腾起较高，飞行时间较长，具有危险性。

（10）静止动作

静止动作是体操动作的一种，指通过肌肉的协调用力，维持身体的平衡与稳定，按规定要求，在空间停止一定时间来完成的静止姿势，如各种悬垂、支撑和倒立动作。在动作完成过程中，就肌肉工作特点而言，静止动作属于等长收缩；就呼吸特点而言，静止动作有腹式和胸式两种呼吸形式。

3.3 调试注意事项

（1）调试时遵循连线→联机→复位→调试→保存代码→断开联机→断开连线的步骤。

（2）舵机控制线不要反接，在调试过程中舵机出现卡死现象时，要及时调整舵机位置或断开电源。

（3）在调试过程中要注意控制板上 USB 线接口是否受到挤压，防止因过度挤压导致 USB 口损坏。

（4）切勿带电进行接线调整或松紧舵控板附近的螺丝。

（5）当控制板发出低电量警报时，及时给电池充电。

（6）注意机器人周围的环境在机器人通电的情况下，尽量避免机器人靠近金属物品，禁止用手或导电物体触摸控制板。

4 思考题

4.1 写出你设计的自编动作名称。并画简图说明。

4.2　在进行自选动作的设计时主要的限制是什么？有什么样的解决办法？

5　实验要求

5.1　完成自选动作的设计与调试；

5.2　完成结束动作的调试。

6　实验步骤

7 自我思考与提问

实验 9　完成体操机器人比赛任务

1　实验目的

1.1　完成满足体操机器人竞赛规则的所有动作的组合；

1.2　发现调试过程中的不足并改进；

1.3　做出一台能参加机器人比赛的机器人作品。

2　实验器材

2.1　mini 舵机控制板 1 个；

2.2　体操机器人 1 台；

2.3　PC 电脑（windows 7 及以上）1 台。

3　预习内容

3.1　机器人代码的组合方式

可以通过记事本打开保存的代码文件进行复制粘贴来组合代码（见图 9.1）。

图 9.1

3.2 代码的直接修改

如图 9.2 所示，代码中"♯"后面的数字代表的是舵机编号，"P"后面代表的数字是舵机位置，"T"后面的数字代表了动作的执行时间单位为 ms。知道了这三个数值可以直接对代码进行简单的修改。

```
#1P2500#2P1011#3P1500#4P500#5P2343#6P1500#7P1522#8P1628T300
```

图 9.2

3.3 调试注意事项

（1）调试时遵循连线→联机→复位→调试→保存代码→断开联机→断开连线的步骤。

（2）舵机控制线不要反接，在调试过程中舵机出现卡死现象时，要及时调整舵机位置或断开电源。

（3）在调试过程中要注意控制板上 USB 线接口是否受到挤压，防止因过度挤压导致 USB 口损坏。

（4）切勿带电进行接线调整或松紧舵控板附近的螺丝。

（5）当控制板发出低电量警报时，及时给电池充电。

（6）注意机器人周围的环境，在机器人通电的情况下，尽量避免机器人靠近金属物品，禁止用手或导电物体触摸控制板。

4 思考题

4.1 机器人在线调试和脱机运行时做出动作会有区别吗？如果有区别是什么造成的？

4.2　机器人的所有动作调试应该注意哪些问题？应如何解决？

4.3　如何控制机器人完成动作后在场地中的位置和方向？

5　实验要求

5.1　将所有机器人的程序组合；

5.2　将组合后的程序下载到机器人中并脱机运行；

5.3　观察运行中的错误与不足并进行修改；

5.4　完成一套能够做完所有比赛要求动作的机器人。

6　实验步骤

7　自我思考与提问

拓展实验 1　开源关节机器人控制板 KK－203 开发环境搭建

1　实验目的

1.1　掌握 IAR 开发环境的安装与配置；

1.2　掌握驱动安装与固件升级方法。

2　实验器材

2.1　KK—203 开源关节机器人控制板 1 块；

2.2　下载线 1 根；

2.3　PC 机 1 台（windows 7 及以上系统）；

2.4　相关软件。

3　预习内容

3.1　开源关节机器人控制板 KK—203 简介

开源关节机器人控制板（见图 10.1）与 mini 控制板相比，操作上有一定的难度，但使用者可以直接接触到机器人的动作代码。

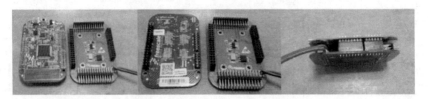

图 10.1

3.2　软件安装

软件安装要使用到以下几个文件（见图 10.2），这些文件在百度网盘中均可下载，注意关节型机器人调试器的版本，建议使用最新版本，我们也将不断进行更新。

图 10.2

首先安装关节型机器人调试器，双击打开文件，出现如图 10.3 所示界面。

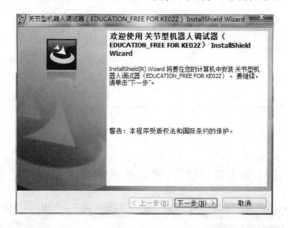

图 10.3

点击"下一步"，出现如图 10.4 所示界面，这里可以不填写信息。

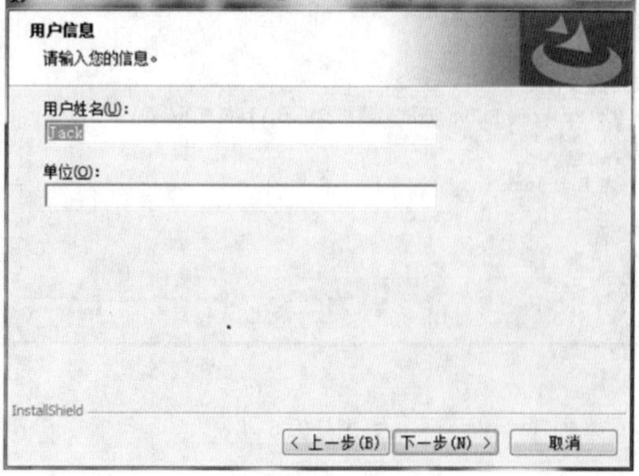

图 10.4

　　单击"下一步",出现如图 10.5 所示界面,这里可以修改安装路径,可以安装到其他路径中。为了方便记忆,不做修改。

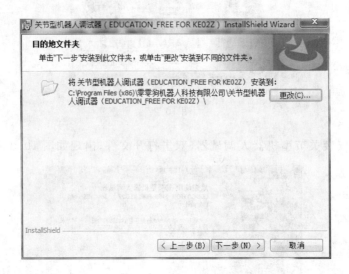

图 10.5

　　单击"下一步",确认安装信息,然后单击"安装",如图 10.6 所示。

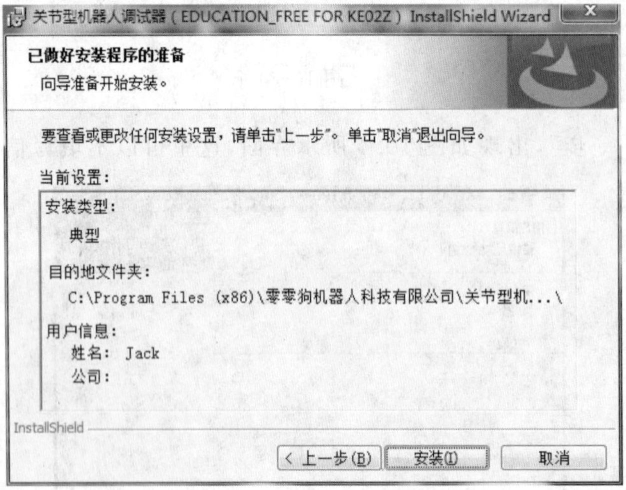

图 10.6

安装结束后,出现如图 10.7 所示界面,不要勾选"启动程序"前的选项框。

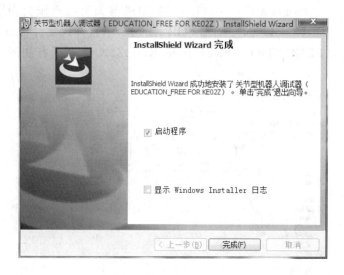

图 10.7

至此关节型机器人调试软件安装完成,桌面出现如图 10.8 所示图标。

图 10.8

查看"关节型机器人调试器"软件安装目录下的相关文件,默认安装的文件目录为:"C:\Program Files(x86)\零零狗机器人科技有限公司\关节型机器人调试器(EDUCATION_FREE FOR KE02Z)",打开该文件目录,关节型机器人调试器(EDUCATION_FREE FOR KE02Z)文件夹下有如图 10.9 所示文件。

图 10.9

这些文件从左到右依次为:关节型机器人比赛规则、舵机控制器固件升级时所需的固件程序、配套软件使用的调试工程、配套软件使用的运行工程、舵机控制器驱动程序(与 IAR 自带的驱动相同)、官方的 OpenSDA 固件升级教程(英文版)、备用复位值。

安装"EWARM—CD—7101—6735.exe"嵌入式开发环境,双击软件图标打开软件安装界面,如图 10.10 所示。

图 10.10

选择"Install IAR Embedded Workbench"进行安装，如图 10.11 所示。

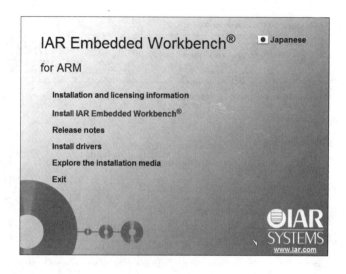

图 10.11

进行安装后将出现如图 10.12 所示界面（以 6.7 版本为例）。

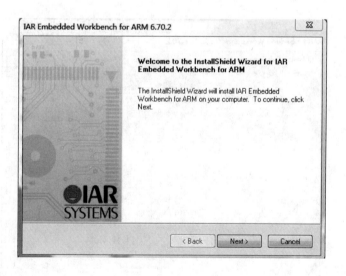

图 10.12

单击"Next"，选择"I accept the terms of the licence agreement"，单击

"Next",如图 10.13 所示。

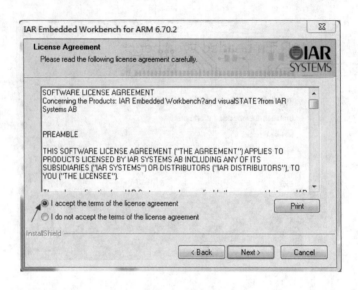

图 10.13

这里可以修改安装目录,此时选择默认路径,单击"Next",如图 10.14 所示。

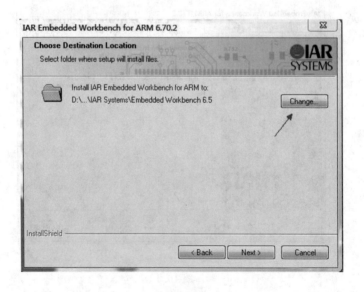

图 10.14

单击"Next"，如图 10.15 所示。

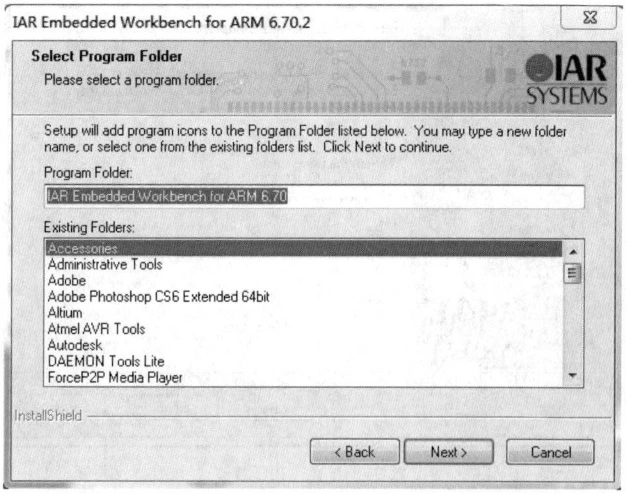

图 10.15

单击"Install"，如图 10.16 所示。

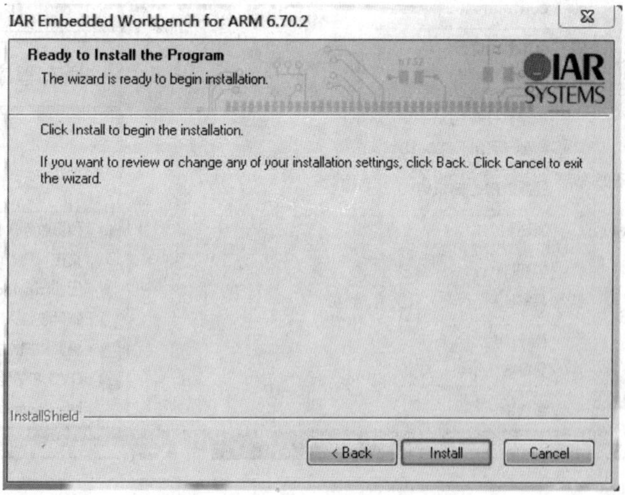

图 10.16

安装完成界面，单击"Finish"，不要勾选"View the release notes"选项，如图
10.17 所示。

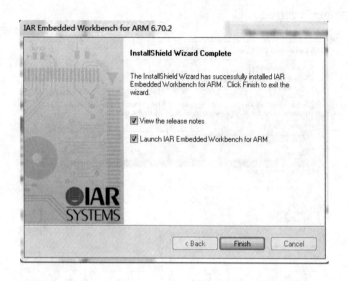

图 10.17

开始菜单—所有程序—IAR Systems,"AR Embedded Workbench"右键—发送到"桌面快捷方式",如图 10.18 所示。

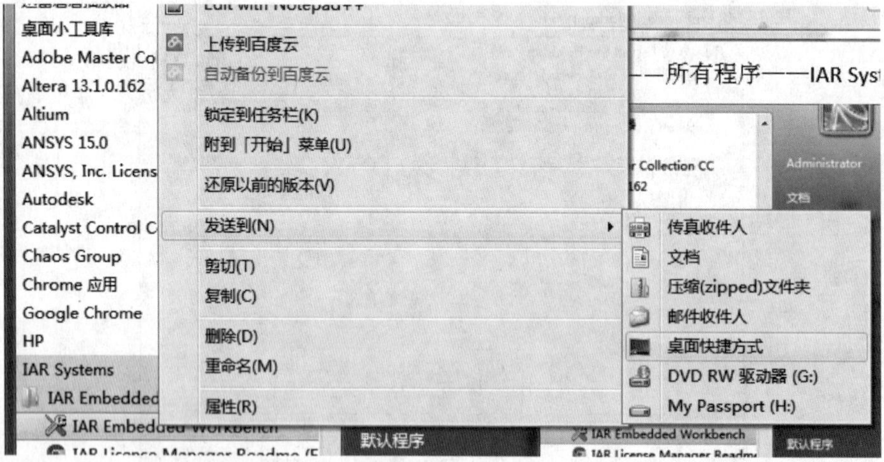

图 10.18

双击打开该软件,第一次打开软件时将提示证书对话框,直接点击"取消"或直接关闭即可,如图 10.19 所示是软件界面,至此表示软件安装完成,现在关闭软件,开始安装驱动程序。

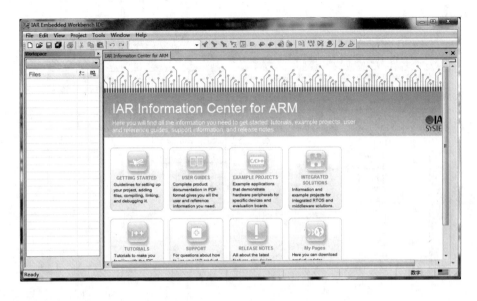

图 10.19

安装驱动程序,打开 IAR 开发环境向导,单击"Install drivers"选项,如图 10.20 所示。

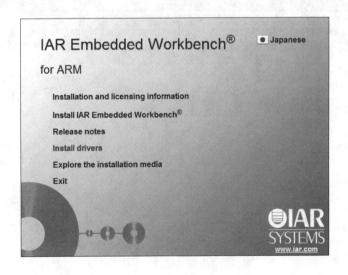

图 10.20

软件将自动打开"drivers"文件夹,选择"pemicro"文件夹,如图 10.21 所示。

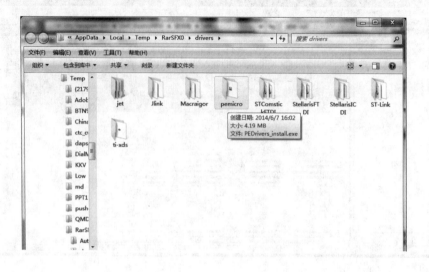

图 10.21

双击安装"PEDrivers_install.exe",如图 10.22 所示。

图 10.22

出现如图 10.23 所示软件安装界面后,选择"I Agree"选项。

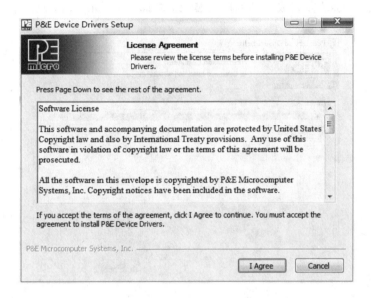

图 10.23

　　这里选择默认的安装路径（建议不要修改），单击"Install"，如图 10.24 所示。

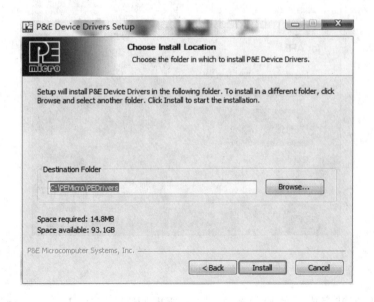

图 10.24

单击"Close"即完成驱动程序安装,如图 10.25 所示。

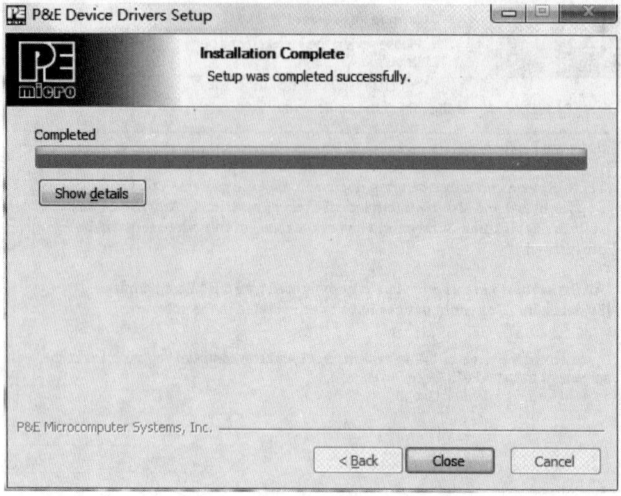

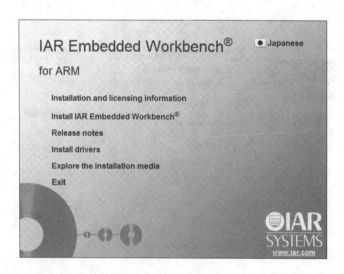

图 10.25

单击 IAR 安装向导中的"Exit",结束安装,如图 10.26 所示。

图 10.26

软件安装完成后的授权操作,打开"EWARM_7.10_License.rar"压缩文件,如图 10.27 所示。

图 10.27

　　压缩文件中包含"Selected. package"文件和"说明. txt"文件，具体的授权说明参见"说明. txt"，如图 10.28 所示。

使用方法:
1. 解压缩 EWARM_7.10 License.rar，取得 Selected.package。
2. 复制 Selected.package 文件到指定目录。
　　XP: C:\Documents and Settings\All Users\Application Data\IARSystems\LicenseManagement\LicensePackages\ARM\EW\1\
　　WIN7: C:\ProgramData\IARSystems\LicenseManagement\LicensePackages\ARM\EW\1\
　　若路径不存在，则手动创建路径。
3. 运行 EWARM，授权成功。

图 10.28

　　相关文件路径在文件系统中可能属于隐藏路径，查看隐藏文件夹的过程为：计算机—组织—文件夹和搜索选项，如图 10.29、图 10.30 所示。

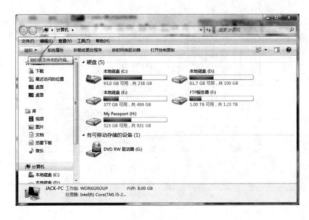

图 10.29

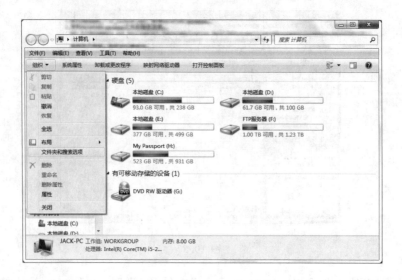

图 10.30

单击"查看",如图 10.31 所示。

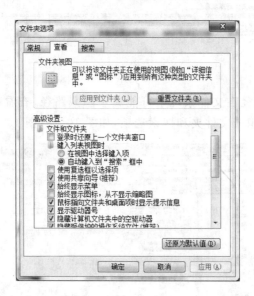

图 10.31

　　在高级设置中勾选"显示隐藏的文件、文件夹和驱动器",如图 10.32 所示,单击确定即可。

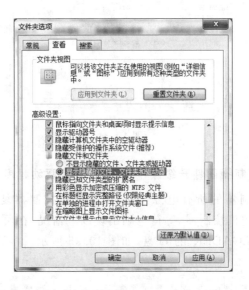

图 10.32

　　授权完成后,打开软件,查看授权结果,打开软件,找到工具栏 Help 的子菜单——License Management,单击该选项,如图 10.33 所示。

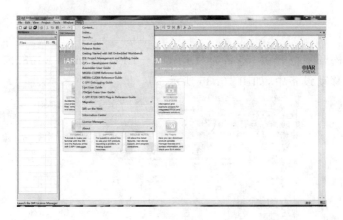

图 10.33

　　软件将默认安装 Lib 文件,选择"Yes"即可,安装完成后,出现如图 10.34 所示的窗口,表示授权完成。

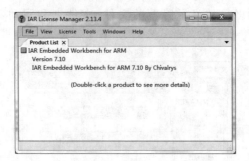

图 10.34

3.3 舵机控制器固件升级操作步骤（已安装驱动程序）

断开舵机控制器的所有电源连接，按下舵机控制器复位按键，使用 USB 线缆连接电脑与舵机控制器，等待电脑出现以下情况，在可移动存储的设备中出现名为"BOOTLOADER"的 U 盘，如图 10.35 所示。

图 10.35

此时松开复位开关，将名为"DEBUG－APP_Pemicro_v108.SDA"的文件拷贝至该移动设备中，如图 10.36 所示。

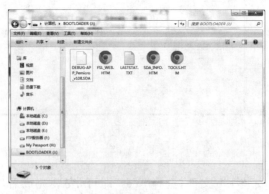

图 10.36

关掉上述窗口后,断开电脑与舵机控制器之间的 USB 连接,重接使用 USB 线缆连接电脑与舵机控制器,此时电脑右下角(以 windows 7 为例)出现安装设备驱动,如图 10.37 所示。

图 10.37

安装结束后电脑桌面右下角出现安装驱动完成标志,如图 10.38 所示。

图 10.38

单击图 10.38 中的"驱动安装完成"标志,出现图 10.39 对话框,其中, OpeSDA－CDC Serial Port 以及 PEMicro OpenSDA Debug Driver 均可以使用, 表明驱动已经安装完成。安装驱动的具体用时视具体电脑机型而定,某些机型用时较长请耐心等待。一般 1 min 之内即可安装完成,某些机型首次安装驱动可能要花费 10 min,请务必保证该期间舵机控制器与电脑可靠连接。当

图 10.39

第一次安装驱动完成后,以后使用均可快速安装驱动。假如极少部分电脑出现驱动安装失败对话框,请检查电缆质量以及是否有效可靠连接,如仍未安装完成,请参照编者寄语后的注意事项解决。

驱动安装结束后,点击计算机—右键—管理,如图 10.40 所示。

图 10.40

出现计算机管理选项,单击左侧设备管理器:打开 Jungo 和端口(COM 和 LPT)目录,如图 10.41 所示。

图 10.41

如图 10.41 所示,在 Jungo 目录下有"PEMicro OpenSDA Debug Driver"以及在端口(COM 和 LPT)目录下有"OpeSDA－CDC Serial Port",如未出现上述两个设备,请重复固件升级操作,记住 OpeSDA－CDC Serial Port 后括号中的标号,图中对应的是"COM48",此为串口号,对应舵机控制器电脑端软件的串口号。

4　思考题

4.1　嵌入式开发常用的环境有哪些？

4.2　嵌入式开发常用的下载方式有哪些？它们各自有什么特点？

4.3 在软件与驱动安装的过程中遇到什么问题？你是怎样解决的？

5 实验要求

5.1 能进行 IAR 安装，能安装驱动及升级固件；

5.2 能解决安装过程中出现的问题直至安装成功。

6 实验步骤

7　自我思考与自我提问

拓展实验 2　开源关节机器人控制板 KK—203 上位机使用方式

1　实验目的

1.1　了解 KK—203 舵机控制板的基本应用方法；

1.2　了解 KK—203 舵机控制板驱动程序安装方法；

1.3　了解 KK—203 舵机控制板 I/O 分布及功能；

1.4　了解 KK—203 舵机控制板供电方式；

1.5　使用 KK—203 舵机控制板控制机器人。

2　实验器材

2.1　示波器 1 台；

2.2　KK—203 舵机控制板 1 个；

2.3　体操机器人 1 台。

3　预习内容

3.1　调试过程

首先保证机器人各部件安装良好，并已经安装好上述开发与调试环境，舵机控制器硬件已完成固件升级操作。

给舵机控制器下载调试程序，解压并打开舵机控制器软件安装目录下的调试工程（相关工程文件的位置在软件安装教程中有过描述，请使用软件配套的工程），以本机默认安装路径为例"C:\Program Files（x86）\零零狗机器人科技有限公司\关节型机器人调试器（EDUCATION_FREE FOR KE02Z）\Database\ke02－sc－tiaoshi－demo\build\iar\Test_demo"工程文件的相对路径为"ke02－sc－tiaoshi－demo\build\iar\Test_demo"，在 Test_demo 文件夹下双击打开"Test_demo. eww"该工程文件，注意 IAR 开发环境的版本，禁止

使用旧版本 IAR 软件打开该工程文件,否则将会出现 link 错误。如图 11.1
所示。

图 11.1

打开工程后的软件界面(可能略有不同),如图 11.2 所示。

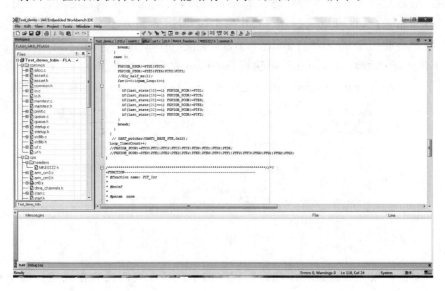

图 11.2

其中,图中上部为调试工具区,左部为工程组织目录,右部为代码编辑区,具体软件使用方法详见 IAR 官方使用教程。左部的文件目录可以在"project"文件夹中找到"Test_demo.c"文件,双击打开,该文件为工程的主程序文件。

通过 USB 线缆连接电脑与舵机控制器,稍等 5 s,等待安装驱动程序,单击 IAR 开发环境中的 Download and Debug,即可完成程序下载,如图 11.3 所示。

图 11.3

下载程序时可能会出现图 11.3 的情况,该提示是由于更改了工程路径造成的,只要按照窗口中给出的提示,按照工程的相对路径找到该文件即可,如图 11.4 的操作,程序下载完成后则出现图 11.5 所示的界面,该界面为软件的调试界面,只要单击软件左上角的"×"号即可关闭该调试界面。此时舵机控制器的芯片处于复位等待状态。关闭软件后,按动舵机控制器的复位开关,程序将开始运行,也可以通过图 11.5 的 IAR 调试界面左上角的功能按键启动程序。功能按键从左到右依次为:reset 复位、break 暂停、step over 单步执行(不进入子函数)、step into 单步执行、step out 跳出子函数、next statement 执行至下一个注释、run to cursor 执行至断电、go 执行、stop debugging 停止调试。

图 11.4

至此可以完成调试程序和运行程序的下载。在线调试和在线运行时下载调试程序,脱机运行时下载运行程序。

注释:在线调试和在线运行,顾名思义是通过电脑对机器人的行为进行操

图 11.5

控,通过有线或者无线的方式在电脑和机器人之间建立通信,通过指令对机器人动作进行控制。在线运行隶属于在线调试,调试可以是单个关节运行或多个关节运行,在线运行则是把多个预先设计的动作,通过指令的形式发送给机器人,使机器人按照指令连续动作,以上均为调试过程。脱机运行则是将编译的程序(非指令代码)直接下载到微控制器中,当机器人重新上电后,则按照下载的程序独立运行,不需要电脑参与控制。

　　在完成调试程序下载和开启机器人舵机控制板供电后,则可通过电脑对机器人进行调试工作。下载程序和在线调试均不需断开电脑与舵机控制器之间的 USB 线连接。打开机器人供电之后,调试程序运行,机器人上的每个舵机均有力输出,并转动到一定的位置,初始位置由调试工程文件中的 Test_demo.c 的代码给出,如图 11.6 所示,对应舵机控制器的 24 个通道以及舵机控制器软件上的 24 路滑块(T0～T23),该值等于软件中每个滑块的值＋210,也可以直接通过软件加载复位值后,由工具选项中的编译 C 代码选项生成的 C 文件,替换对应位置的代码修改。

　　打开舵机控制器软件,界面如图 11.7 所示,每次打开软件时都将提示加载复位值窗口,未建立复位值时,直接关闭该窗口即可。

　　图 11.8 中 24 路滑块(T0～T23)对应舵机控制器的 24 路接口,通过改变滑块的值,可改变舵机控制器对应接口连接的舵机输出角度,修改滑块后的数字也可以达到同样的效果。滑块后的文本框只识别 0～850 之间的纯数字,否则软件将报错或崩溃。24 路滑块下方的 2 路滑块对应延时(0～10 000)和速度(0～255)选项,延时单位为半毫秒,舵机的峰值速度为 255,0～255 依次线性递增。

```
/***********************复位值设置***************************/
next_state[0]=210;
next_state[1]=210;
next_state[2]=210;
next_state[3]=210;
next_state[4]=210;
next_state[5]=210;
next_state[6]=210;
next_state[7]=210;
next_state[8]=210;
next_state[9]=210;
next_state[10]=210;
next_state[11]=210;
next_state[12]=210;
next_state[13]=210;
next_state[14]=210;
next_state[15]=210;
next_state[16]=210;
next_state[17]=210;
next_state[18]=210;
next_state[19]=210;
next_state[20]=210;
next_state[21]=210;
next_state[22]=210;
next_state[23]=210;
for(k=0;k<24;k++)    last_state[k]=next_state[k];
/******************* put your own code here *******************/
/*********************仿人竞速传感器程序***********************/
```

图 11.6

图 11.7

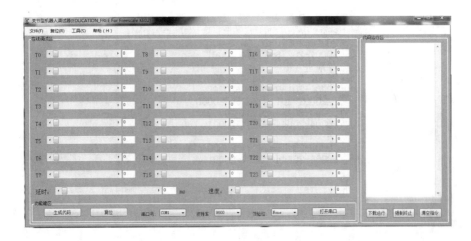

图 11.8

图 11.8 右下角"打开串口"部分为电脑与机器人的通信选项,串口号选择安装驱动时描述的对应的串口号(电脑已与舵机控制器建立有效连接),否则不能对机器人进行调试,波特率选择默认的"9 600",校验位默认"None",在用USB 线连接舵机控制与电脑的前提下,选择打开串口,则建立舵机控制器与电脑之间的通信连接,在未关闭串口前请勿断开舵机控制器与电脑之间的USB 电缆。

图 11.8 的右半部分动作代码编辑区与下载运行区,这里为调试的动作代码,格式如下:

(1) 可以用"//"进行注释操作,无论该行任何位置出现"//",该行指令均无效,如图 11.9 所示"//前进"该行无效,"//20002－20119－20234－20000"该行指令无效。

(2) 指令中不能出现空行。图 11.9 所示的就是错误案例,该指令代码不能通过编译生成 C 语言代码。

(3) 为了保证格式统一,每个指令数值都在原有数值基础上增加了20 000,例如:20 520 的实际值为 520。

(4) 每行指令由四个数字组成,数字之间由短线连接,在手动修改指令时请不要破坏该格式,并且每个数值都应在相应的范围内。

(5) 每行指令的第一个数值代表对应的通道,范围 0～23 对应 T0～T23;第二个数值对应舵机的转角位置,范围 0～850;第三个数值代表执行该动作的速度,范围 0～255;第四个数值代表执行完该动作后的停顿时间,范围:0～10 000。

图 11.9

注释:每行指令中的第四个数值代表每个动作后的停顿时间,特例,当该停顿时间为 0 时,表示该动作不能单独执行,必须要与下面指令中某行的停顿时间大于零的一行同步执行。应特别注意的是所有指令代码的最后一行的时间一定要大于 0,否则将导致指令下载,但不能运行,并且导致电脑端软件和舵机控制器崩溃,重启软件并重新给舵机控制器上电(或者单击多级控制器上的复位按键)即可。

例子 1:

20000—20520—20244—20000

20001—20276—20234—20001

分析:通道 0 和通道 1 的舵机同时开始改变转角位置,速度以时间大于 0 的那行的代码速度为准,因此速度均为 234,两个舵机动作执行结束后停顿半毫秒(只作为两个舵机同时动作的标志)。

例子 2:

20002—20541—20214—20000

20000—20189—20234—26000

20002—20119—20214—20000

20005—20119—20204—20000

20003—20455—20254—20001

20004—20644—20234—20001

分析:通道 0 和通道 2 对应的舵机同时开始改变角度,两通道速度均为 234,停顿 3 s(6 000 个半毫秒)。

所有动作执行结束后,接下来,通道 2、通道 3、通道 5 对应的舵机同时开始动作,速度以时间大于 0 的那一行速度为准,3 个通道的速度均为 254,3 个舵机动作执行结束后停顿半毫秒(只作为两个舵机同时动作的标志)。

最后一行单独执行,速度 234,结束后停顿半毫秒。

至此已经对该调试器软件有了初步的认识,接下来开始正式调试操作。对于刚组装的机器人,在开始调试之前,首先要设定机器人的复位值,就是说要确定一个机器人的初始状态,并且保存对应机器人各个关节的舵机角度值,不管之后要让机器人完成什么动作,但只要单击复位按键机器人都会回到这个初始姿态。一般机器人的直立状态代表机器人的初始状态。建议依次将舵机逐个校准初始状态,否则很容易导致舵机卡死,插拔舵机时一定要断开电源。调整软件中滑块的位置,使机器人的各个关节保持标准的直立状态。软件工具栏中的复位选项中的加载复位值和保存复位值可以对软件使用的机器人的复位值进行操作,每当保存新的复位值时,请再执行一次加载复位值操作。软件变量中的复位值则编程刚加载的新的复位值。

每当打开软件开始调试机器人时,首先也是务必要做的是加载复位值,否则软件将会有相应提示,接下来是打开串口通信,这也是通过软件进行调试的必要步骤,如果软件不能识别舵机调试器串口,请重新插拔 USB 线缆。

每调试完一组动作,生成符合要求格式的指令代码,指令代码将在右侧代码区的文本框中不断累加。当需要验证一组代码是否符合要求时,先复位机器人,单击软件左下角的复位,等待软件右下方的进度条结束,然后单击软件右下方的下载运行,等待动作执行结束。软件的"文件"选项中有"打开"和"保存"选项,可以保存和打开软件右侧代码运行区的动作代码。

当确定代码运行区的代码符合设计需求时,可以通过工具栏工具选项中的编译 C 代码指令将代码运行区中的对应动作指令编译成 C 语言文件(保证已加载正确的复位值),如图 11.10 所示,修改运行工程中的 Test_demo.c 文件(直接全部替换),编译下载到舵机控制板中,断开 USB 线缆,机器人重新上电后,则可以脱机独立运行。

对替换完的工程文件中的 Test_demo.c 对应指令部分进行分析:停顿 500 ms,0 通道舵机位置转到 730 的位置,1 通道舵机位置转为 486,Update(234) 代表以速度 234 使通道 0 和通道 1 开始转向上边设定的数值,当舵机转到上述对应位置后,停顿半毫秒,开始执行下一组动作。一组动作含义是:给定几个舵机的终止角度(转角),起始转角已经在复位值或者上一组动作中设定了,舵机的角度不断变化产生动作。Update 函数的作用是以函数参数设定的速度让上边的几个舵机转动到设定的角度。

3.2　传感器接线与使用

FRDM—KE02Z 开发板 GPIO,或总线扩展器,利用工业标准 I2C、SMBus

```
*/
/**********************put your own code here!******************/
Dly_half_ms(1000);
next_state[0]=730;
next_state[1]=486;
Update(234);
Dly_half_ms(1);
next_state[2]=751;
next_state[0]=399;
Update(234);
Dly_half_ms(200);
next_state[3]=665;
next_state[4]=854;
Update(234);
Dly_half_ms(1);
next_state[3]=665;
next_state[4]=854;
Update(234);
Dly_half_ms(1);
/***************code_is_over!****************/
```

图 11.10

或 SPI 接口简化了 I/O 口的扩展。当微控制器或芯片组没有足够的 I/O 端口,或当系统需要采用远端串行通信或控制时,GPIO 产品能够提供额外的控制和监视功能。

中文名:通用输入/输出口

简　称:GPIO

全　称:General Purpose Input Output

(1) GPIO 结构

GPIO 结构如图 11.11 所示。

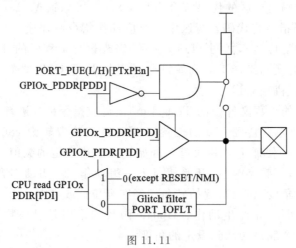

图 11.11

(2) 根据芯片手册学习 GPIO

① 打开名为"MKE02Z64M20SF0RM.PDF"的芯片手册,找到图 11.12 中标注章节。

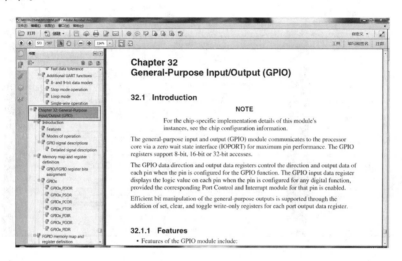

图 11.12

② 找到图 11.13 中所标注的章节,阅读 GPIO 信号描述。

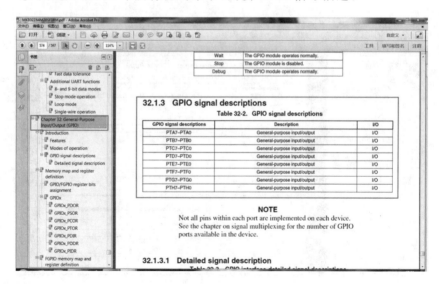

图 11.13

③ 找到图 11.14 中标注章节,阅读 GPIOA/GPIOB 寄存器位分配。

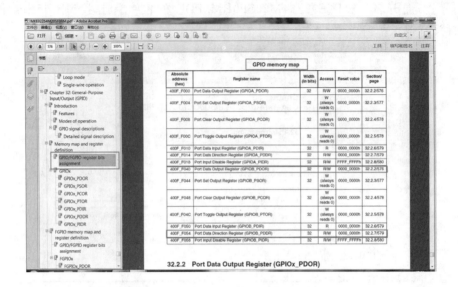

图 11.14

④ 找到图 11.15 中标注章节,阅读"端口数据方向寄存器"内容。

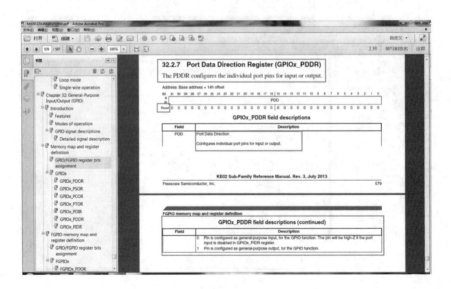

图 11.15

⑤ 找到图 11.16 中标注章节,阅读"端口数据输出寄存器"内容。

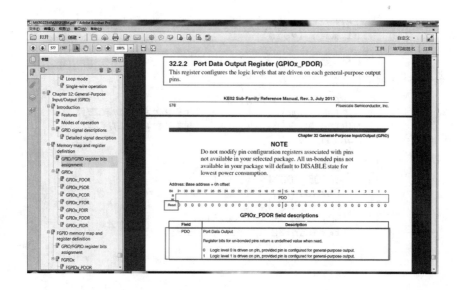

图 11.16

⑥ 找到图 11.17 中标注章节,阅读"端口数据输入寄存器"内容。

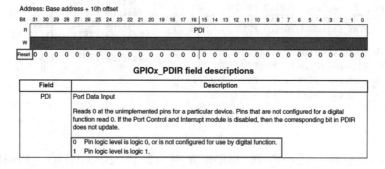

图 11.17

⑦ 根据上述内容阅读并理解图 11.18 所示程序。

```
/************************************************/
int main (void)
{
    /* USER LED definitions
    code        MA64
    BLUE    <----> PTE7
    RED     <----> PTH1 */
    GPIOB_PDDR |=1<<7;          //端口数据方向寄存器
    GPIOB_PDDR |=1<<25;         //端口数据方向寄存器
    while(1)
    {
        GPIOB_PDOR |=1<<25;
        GPIOB_PDOR&=~(1<<7);
        for(uint32 i=0;i<0x1fffff;i++);
        GPIOB_PDOR |=1<<7;
        GPIOB_PDOR&=~(1<<25);
        for(uint32 i=0;i<0x1fffff;i++);
    }
}
```

图 11.18

⑧ 读取 GPIO 口状态,如图 11.19 所示。

```
/********************************************************************/
#define BSET(Register,bit) ((Register) |= (1 << (bit)))
#define BCLR(Register,bit) ((Register) &= ~(1<<(bit)))
#define BGET(Register,bit) (((Register) >> (bit)) & 1)
/********************************************************************/

#define PTA6_Logic  ((FGPIOA_PDIR >> 6) & 1)
#define PTA7_Logic  ((FGPIOA_PDIR >> 7) & 1)
#define PTC6_Logic  ((FGPIOA_PDIR >> 22) & 1)    #define PTA6    (1<<6)
#define PTC7_Logic  ((FGPIOA_PDIR >> 23) & 1)    #define PTA7    (1<<7)
#define PTF6_Logic  ((FGPIOB_PDIR >> 14) & 1)    #define PTC6    (1<<22)
#define PTF7_Logic  ((FGPIOB_PDIR >> 15) & 1)    #define PTC7    (1<<23)
#define PTH6_Logic  ((FGPIOB_PDIR >> 30) & 1)    #define PTF6    (1<<14)
#define PTH7_Logic  ((FGPIOB_PDIR >> 31) & 1)    #define PTF7    (1<<15)
                                                 #define PTH6    (1<<30)
FGPIOA_PDDR&=~(PTA6|PTA7|PTC6|PTC7);             #define PTH7    (1<<31)
FGPIOA_PIDR&=~(PTA6|PTA7|PTC6|PTC7);
FGPIOB_PDDR&=~(PTF6|PTF7|PTH6|PTH7);
FGPIOB_PIDR&=~(PTF6|PTF7|PTH6|PTH7);
```

图 11.19

设置对应端口的 GPIOx_PDDR 方向为输入,读取 GPIOx_PDIR 寄存器值。

(3) 传感器接线

传感器接线原理图如图 11.20 所示,实物图如图 11.21 所示。

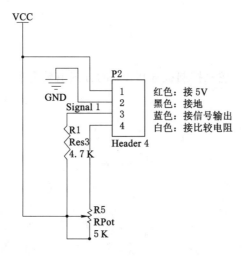

图 11.20

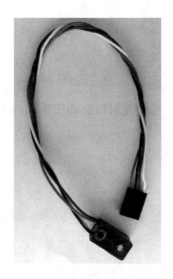

图 11.21

　　通过 GPIO 可以读取传感器输出的高低电平,高电平对应"黑色",低电平对应"白色",将信号输出端口连接 GPIO 口,设置对应端口的 GPIOx_PDDR方向为输入,读取对应端口的 GPIOx_PDIR 寄存器值。

4 思考题

4.1 KK—203舵机控制板连接PC的方式有哪些?

4.2 简述KK—203舵机控制板驱动安装失败的原因及解决方法。

5　实验要求

5.1　完成 KK—203 舵机控制板驱动安装；

5.2　完成体操机器人及 KK—203 舵机控制板连接；

5.3　完成体操机器人舵机控制。

6　实验步骤

7　自我思考与提问

拓展实验 3　体操机器人结构改造

1　实验目的

对机器人进行结构改造使其能够完成更多动作。

2　实验器材

2.1　mini 舵机控制板 1 个；

2.2　体操机器人 1 台；

2.3　PC 电脑（windows 7 及以上）1 台；

2.4　机器人零件若干。

3　预习内容

目前机器人无法完成的动作举例：

（1）前后行走；

（2）循线行走；

（3）灵活转向。

4　思考题

4.1　机器人如何完成前后行走功能？需要添加几个舵机？添加在什么位置？

4.2　机器人实现循线行走用哪几种传感器可以实现？你会选用哪一种？为什么？

4.3　在不添加舵机的情况下机器人能否转向？想要机器人灵活转向应该如何添加舵机？

5　实验要求

完成机器人的改造使其至少实现一种原来不具有的功能。

6　实验步骤

7 自我思考与提问

附录　竞技体操机器人比赛规则

比赛简介

比赛目的

设计一个小型关节机器人,模仿竞技体操比赛项目,在比赛场地内完成规则要求的竞技体操比赛任务。比赛成绩取决于机器人的组合动作得分,比赛排名由参赛队得分由大到小的顺序确定。

比赛项目及任务

一、比赛项目　竞技体操机器人比赛

（一）本科院校组

1. 十自由度体操赛；

2. 十二自由度体操赛。

（二）职业院校组

1. 十自由度体操赛；

2. 十二自由度体操赛。

二、比赛任务

1. 竞技体操机器人比赛十自由度体操赛:在比赛场地上,不多于十自由度的小型体操机器人,从位于场地中心、直径 250 mm 的圆形起步区启动,在直径 2 000 mm 的比赛区域内,完成比赛规则要求的 6 套组合动作。

2. 竞技体操机器人比赛十二自由度体操赛:在比赛场地上,不少于十二自由度的小型体操机器人,从位于场地中心、直径 250 mm 的圆形起步区启动,在直径 2 000 mm 的比赛区域内,完成比赛规则要求的 6 套组合动作。

比赛规则

规则一　机器人比赛

比赛场地	
场地使用	下列比赛项目使用： 1. 竞技体操机器人比赛十自由度体操赛(本科院校组) 2. 竞技体操机器人比赛十二自由度体操赛(本科院校组) 3. 竞技体操机器人比赛十自由度体操赛(职业院校组) 4. 竞技体操机器人比赛十二自由度体操赛(职业院校组)
场地图纸	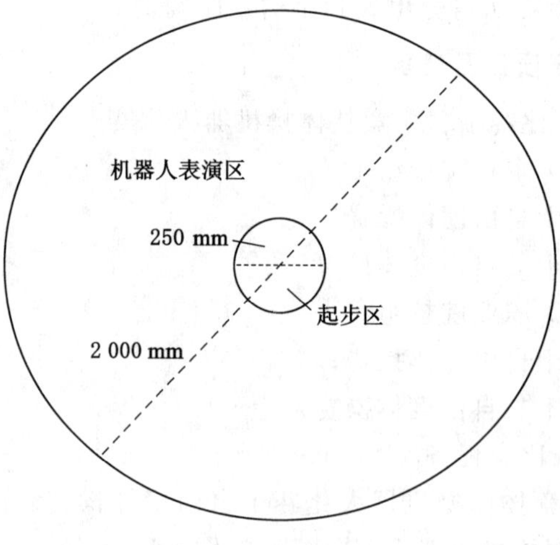 图 1　比赛场地图纸
场地尺寸	1. 场地为正方形(2 张白色实木颗粒板),其边长为 2 440 mm 2. 比赛区域为圆形,由机器人起步区和表演区构成,详见场地图纸 3. 机器人表演区为直线 2 000 mm 的圆形区域。中心位置设有直线 250 mm 的圆形区域,构成机器人起步区
场地材质	1. 场地制作使用 2 440 mm×1 220 mm×18 mm 的白色实木颗粒板 2. 机器人起步区和表演区边线使用 16 mm 宽黑色防水电工绝缘胶带

场地标识	1. 使用 16 mm 宽黑色防水电工绝缘胶带,在边长为 2 440 mm 的场地上,按照场地图纸居中标识机器人起步区和表演区
制作方法	1. 建议到当地建材市场购买 2 440 mm×1 220 mm×18 mm 的白色实木颗粒板 2. 将 2 张白色实木颗粒板长边贴缝平放在平地上,四周加装 200 mm 的护栏,拼接并固定构成比赛场地(场地上表面板间缝隙不能用任何东西加固,以保证场地的平整度) 3. 使用 16 mm 宽黑色防水电工绝缘胶带,按照场地图纸标识尺寸,贴出机器人起步区和表演区
比赛场地	1. 比赛场地以承办方提供的实际场地为准 2. 参赛机器人必须适应承办方提供的比赛场地
特别声明	1. 比赛现场只提供材质为白色实木颗粒板的场地
机器人结构与制作	
机器人结构	1. 参赛机器人必须有明显的头、手臂、躯干和双足等部分,与人体的结构比例相协调 2. 机器人腰部以下要大于总高度的一半
机器人规格	1. 机器人尺寸不超过(长)250 mm×(宽)150 mm×(高)350 mm。规定机器人正面往前、立正姿势站立时,正对机器人看去,左右为长度方向,前后为宽度方向,上下为高度方向 2. 机器人单足尺寸不超过(长)80 mm ×(宽)150 mm;规定机器人正面往前、立正姿势站立时,正视机器人单足看去,左右为长度方向,前后为宽度方向 3. 机器人重量不超过 3 kg
机器人制作	1. 十自由度体操赛用不多于 10 只舵机和 1 个舵控板制作完成,十二自由度体操赛用不少于 12 只舵机和 1 个舵控板制作完成,要求自主式脱线控制 2. 参赛机器人可以是参赛队自主设计和手工制作的机器人,也可以是参赛队购买套件组装调试的机器人。即允许这两种情况的机器人同场比赛
比赛计分标准	
比赛时间	1. 准备时间≤1 min 2. 比赛时间≤3 min

比赛过程	从位于场地中心、直径 250 mm 的圆形起步区启动,在直径 2 000 mm 的比赛区域内,按照下列序号所示的顺序和每个组合动作中小动作的前后顺序,完成体操比赛。合并后的 6 个组合动作: (1) 准备动作:双手双足贴身直立,向前鞠躬,挥手示意 (2) 翻滚动作:前滚翻(向前 360°),后滚翻(向后 360°) (3) 俯卧撑:单左手俯卧撑,单右手俯卧撑,双手俯卧撑 (4) 侧身翻:左侧身翻 360°,右侧身翻 360° (5) 倒立动作:倒立并腿,倒立劈叉(倒立状态双腿成 180°) (6) 自编动作:自编动作,结束(机器人双手双足贴身直立) 2. 机器人每做完一个组合动作有 3 s 的停顿时间,同时参赛队员向裁判说明动作名称 3. 6 个组合动作的执行顺序:(1)准备动作→(2)翻滚动作→(3)俯卧撑→(4)侧身翻→(5)倒立动作→(6)自编动作 4. 通常,组合动作由多个小动作组成,要求这些小动作从前到后顺序执行。例如"(3)俯卧撑:单左手俯卧撑、单右手俯卧撑、双手俯卧撑",执行顺序:单左手俯卧撑→单右手俯卧撑→双手俯卧撑
计分规则	1. 机器人外形类人程度占 10 分,六个组合动作占 90 分,满分 100 分。每个动作的分值详见下表 机器人外形类人程度 10 准备动作 10　翻滚动作 20　俯卧撑 10 侧身翻 20　倒立动作 10　自编动作 20 2. 裁判依据机器人的外形是否像人评定类人程度分,依据组合动作的到位情况评定动作分 3. 自编动作,不能够简单地重复前边五个组合动作,而是有创意的、有难度的全新动作

表格内分值部分如下:

机器人外形类人程度
10

准备动作	翻滚动作	俯卧撑
10	20	10
侧身翻	倒立动作	自编动作
20	10	20

续表

扣分规则	1. 机器人每出界一次扣 10 分 2. 机器人每人为干预一次扣 10 分 3. 未按要求的动作顺序执行，扣 10 分 4. 在两个组合动作之间没有 3 秒钟停顿或没有说明相关动作名称，扣 5 分
比赛排名	1. 比赛成绩以最终得分由高到低依次排序 2. 最终得分相同，用时短者取胜
重要变化	
变化提示	1. 规则指出，将体操动作合并成 6 个组合动作，得分作了相应调整 2. 规则指出，组合动作的执行顺序。未按要求的动作顺序执行是要扣分的

规则二　机器人数量

1. 每支参赛队使用 1 个机器人参加比赛。比赛前，各个参赛队需要对机器人进行登记并粘贴标识。

2. 同一个机器人只能代表一支队伍参加比赛。

3. 违背比赛规则的机器人，取消上场资格。

规则三　裁判工作

1. 由竞赛组委会邀请裁判通过现场打分方式进行评审。

2. 裁判责任：执行比赛的所有规则。核对参赛队伍的资质。审定比赛场地、机器人等是否符合比赛要求。监督比赛的犯规现象。记录比赛的成绩和时间。

规则四　比赛进程

1. 比赛过程：参赛队以报名注册顺序决定出场顺序，赛制采用一轮比赛、一次上场机会。

2. 比赛成绩排序：参赛队比赛成绩，以最终得分由高到低依次排序。最终得分相同，用时短者取胜。